兽医常见细菌检验图解

刘佩红　张维谊　王　建　主　编

王晓旭　沈莉萍　徐　锋　赵洪进　副主编

上海科学技术出版社

图书在版编目（CIP）数据

兽医常见细菌检验图解 / 刘佩红，张维谊，王建主编. -- 上海 : 上海科学技术出版社，2022.10
ISBN 978-7-5478-5814-1

Ⅰ. ①兽… Ⅱ. ①刘… ②张… ③王… Ⅲ. ①细菌－兽医卫生检验－图解 Ⅳ. ①S851.4-64

中国版本图书馆CIP数据核字(2022)第153518号

兽医常见细菌检验图解
刘佩红　张维谊　王　建　主　编
王晓旭　沈莉萍　徐　锋　赵洪进　副主编

上海世纪出版（集团）有限公司
上海科学技术出版社　　出版、发行
（上海市闵行区号景路 159 弄 A 座 9F-10F）
邮政编码 201101　　www. sstp. cn
上海雅昌艺术印刷有限公司印刷
开本 787×1092　1/16　印张 14.5
字数 300 千字
2022 年 10 月第 1 版　2022 年 10 月第 1 次印刷
ISBN 978-7-5478-5814-1/S · 238
定价：150.00 元

内容提要

    《兽医常见细菌检验图解》以图文并茂的形式系统介绍了兽医临床常见细菌检验的知识和技术。全书共分 12 章。第一章为细菌基础知识，阐述了细菌的基本形态和结构；第二章为细菌基本检验技术，阐述了临床样本采集、分离培养、药敏试验以及菌种保存等技术要点；第三章至第十一章为临床常见细菌的分离培养和鉴定，阐述了 30 种常见菌属的形态、培养特性、生化反应、分离鉴定流程等技术要点；第十二章为微生物检验自动化技术，阐述了目前自动化样品处理及培养和鉴定的技术应用情况。全书彩图 300 余幅、示意图 80 余幅，形象、直观，文字精炼，指导性强。

    本书可作为兽医临床微生物实验室检验人员和临床兽医的工具书和参考书。

编写人员

主　编

刘佩红　张维谊　王　建

副主编

王晓旭　沈莉萍　徐　锋　赵洪进

编写人员

（按姓氏笔画排序）

王　建　王晓旭　邓　波　卢　军　宁　昆　朱九超

刘　健　刘佩红　齐新永　杨显超　杨德全　张玉杰

张维谊　沈莉萍　周锦萍　赵洪进　徐　锋　唐聪圣

前　言

　　细菌（bacterium）是原核生物界（Prokaryotae）中的一大类单细胞微生物，它们的个体微小，形态与结构简单。广义的细菌，还包括立克次体（Rickettsia）、衣原体（Chlamydia）、支原体（Mycoplasma）、螺旋体（Spirochetes）及放线菌（Actinomyces）等。作为细菌学一个分支的兽医细菌学，与医学细菌学的关系最为密切，但范围更广、层次更复杂。兽医细菌学是在细菌学一般理论基础上研究细菌与动物疾病的关系，并利用细菌学与免疫学的知识和技能来诊断、防治动物疾病和人兽共患疾病，保障人类的食品安全与卫生，保障畜牧业生产，保障动物的健康及生态环境免于破坏。其研究领域不仅限于传统的家畜、家禽，还涉及伴侣动物、实验动物、水生动物、野生动物等。21 世纪以来，兽医临床细菌学检验技术发展日新月异，各种自动化设备，比如标本自动接种仪、微生物自动鉴定仪及用于快速鉴定的质谱仪等陆续投入使用，大大提高了细菌学检验的准确性与及时性。但是，细菌分离鉴定离不开传统的手工鉴定方法，形态学检验仍然是细菌学检验的主要手段之一。形态学检验经验要靠大量的临床实践和长期的经验总结才能慢慢培养出来，这也是年轻的细菌学技术人员最需要磨炼的技能。

　　本书的编著者从事临床兽医学检验工作多年，对兽医细菌的形态学检验有丰富的经验。书中细菌形态、菌落特征、生化特性等大量照片大多是编著者在科研和日常检测工作中拍摄，少部分引用国内外资料（均已注明来源，并在此向引用照片的作者表示感谢）。本书采用图文对照的形式，理论与实践并重，直观、形象地展示了兽医常见细菌分离鉴定等检验技术要点，可供兽医实验室检验人员、兽医临床工作者、兽医学及相关专业大中专院校学生参考。

由于水平所限，书中难免有不足之处，恳请广大读者指正。

编著者

2022 年 8 月

目　录

第一章
细菌基础知识

第一节　细菌的大小与形态

细菌（Bacterium）是一种个体微小、形态简单、有细胞壁、靠二分裂法繁殖的单细胞微生物。由于细菌比较小，只有染色后在光学显微镜下进行观察，才能了解细菌的大小和形态。细菌的染色方法有多种，其中最常用的是革兰染色法。通过革兰染色，可将细菌分为革兰阳性菌和革兰阴性菌两大类。每种细菌都有一定的大小、形态及排列方式，可以根据这些特点对细菌进行初步鉴定。

细菌的形态特征常是细菌分类鉴定的指标之一。细菌的形态常常受到环境因素的影响，比如培养时间、培养温度不同，以及培养基中物质的组成和浓度等因素发生改变，都可以引起细菌形态的改变。一般在适宜条件下培养的细菌，菌体形态比较正常、齐整；在不正常的培养条件下或在较老的培养物中，或培养基中有药物、抗生素存在时，细菌细胞常表现出不正常的形态，细胞膨大或出现梨形、丝状等不规则形态。形态不正常的细菌，在移植到新鲜的培养基内，并在适宜条件下培养，会重新恢复到正常的形态。

一、细菌的大小

细菌个体微小，常用微米（μm）表示。在一般情况下，细菌的大小相对比较稳定，是鉴定菌种的依据之一。细菌的大小与所用染色的方法有关。通过干燥固定的方法对菌体进行染色，其长度一般要比活菌体缩短 1/4 ~ 1/3；如果用负染色法对菌体染色，其菌体常大于普通染色法甚至比活菌体还大。细菌的大小和形态还会受环境条件的影响，如使用的培养基成分、浓度、培养温度和时间等。在适合细菌生长的条件下，幼龄细菌或对数生长期培养物的大小和形态一般较为稳定，因而适合进行形态特征的描述。在非正常条件下生长或衰老的细菌培养物，细菌常呈现膨大、分枝或丝状等畸形。

球菌大小常用直径来表示。杆菌和螺旋菌用长和宽表示，大杆菌长 3 ~ 8μm、宽 1 ~ 1.25μm，小杆菌长 0.7 ~ 1.5μm、宽 0.4 ~ 1.2μm；螺旋菌以其两端的直线距离作长度，一般长 2 ~ 20μm、宽 0.4 ~ 1.2μm。细菌的大小介于动物组织细胞与病毒粒子之间。

二、细菌的基本形态与排列方式

细菌有球状、杆状和螺旋状三种基本形态（但也有其他形态），可根据细菌的形态特征对其进行初步鉴定。

细菌的排列方式有多种，与其分裂繁殖有关。不同种类的细菌在裂殖后，有的菌体呈单个存在，有的菌体彼此仍有原浆带相连而形成一定的排列方式。一般情况下，每种细菌的形态和排列方式是相对稳定而有特征性的，可作为细菌分类和鉴定的依据。

1. 球菌（Coccus）

菌体呈球形或近似球形。根据菌体分裂的方向及分裂后排列状态的不同，球菌可以分为以下 5 种。

（1）单球菌：分裂后的菌体呈单独存在的分散状态，如尿素小球菌。

（2）双球菌：在一个平面上分裂，分裂后的菌体成对排列，如肺炎双球菌。

（3）链球菌：沿一个平面分裂，分裂后 3 个以上的菌体相连，呈链状排列（图 1-1-1）。

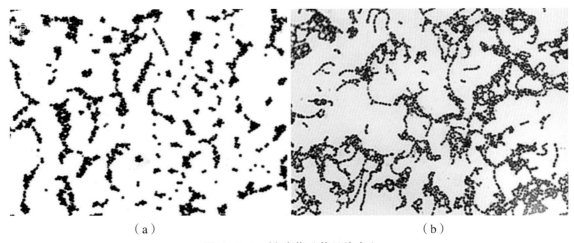

（a）　　　　　　　　　　　　　　　　（b）

图 1-1-1　链球菌（革兰染色）

（a）短链球菌；（b）长链球菌

（4）四联球菌：菌体在 2 个互相垂直的平面分裂，分裂后每 4 个菌体呈"田"字形排列，如四联小球菌。

（5）葡萄球菌：菌体沿多个不规则的平面分裂，分裂后许多菌体无规则地堆积在一起呈葡萄串状，如金黄色葡萄球菌（图 1-1-2）。

2. 杆菌（Bacillus）

菌体一般呈杆状，两端多数为钝圆、少数呈平截状。杆菌是细菌中种类最多的一类。

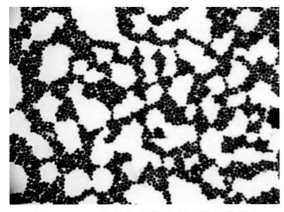

图 1-1-2　金黄色葡萄球菌（革兰染色）

因菌种不同，菌体的大小、长短、粗细等都有差异（图 1-1-3）。

　　杆菌可分为长杆菌、短杆菌、球杆菌等。根据菌体是否膨大，又可以分为棒状杆菌（菌体一端膨大）和梭状杆菌（菌体中间膨大）；根据菌体有无芽孢又可分为芽孢杆菌和无芽孢杆菌。有些杆菌的菌体短小，两端钝圆，近似球状，称为球杆菌；有些杆菌呈丝状；有些杆菌还会形成分枝或侧枝。

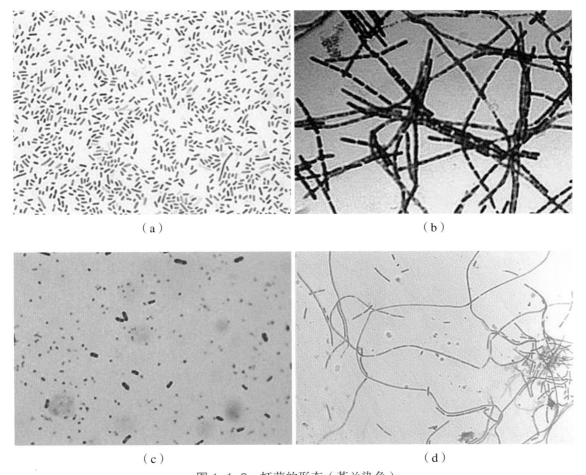

（a）　　　　　　　　　　　　　　（b）

（c）　　　　　　　　　　　　　　（d）

图 1-1-3　杆菌的形态（革兰染色）

（a）短杆菌；（b）长杆菌；（c）球杆菌；（d）丝状菌

3. 螺旋菌（Spirilla）

螺旋菌或称螺形菌，菌体呈弯曲状或螺旋状（图1-1-4）。螺旋菌又可分为弧菌（Vibrio）螺菌（Spirllum）和螺旋体（Spirochaete）三种。弧菌菌体只有一个弯曲，呈弧形或逗点状，如副溶血弧菌；螺菌菌体较长，有两个以上的弯曲，形成螺旋状，如鼠咬热螺菌螺旋体菌体细长，柔软，弯曲，呈螺旋状如猪短螺旋体。

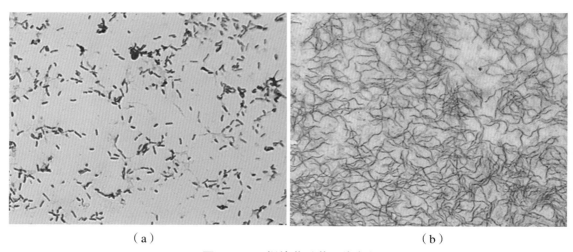

（a）　　　　　　　　　　　　　　　　　（b）

图1-1-4　螺旋菌（革兰染色）

（a）创伤弧菌；（b）大肠毛状螺旋体

第二节　细菌的结构

一、细菌的基本结构

细菌的基本结构包括细胞壁、细胞膜、细胞质及核质等（图1-2-1）。

1. 细胞壁（Cell wall）

细胞壁是一层坚韧而具有一定弹性的膜状结构，位于细菌的最外层，较厚（5~80nm），能抵抗细胞内强大的渗透压而不被破坏。

细胞壁的主要组成成分是肽聚糖（Pepti-

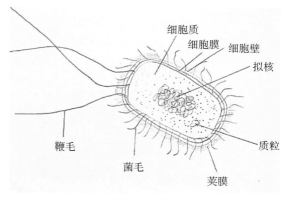

图1-2-1　细菌结构示意（齐新永手绘）

doglycan），又称黏肽（Mucopetide）。细胞壁的韧性与肽聚糖密切相关。革兰阳性菌细胞壁较厚，为 20～80nm，占细胞壁物质的 40%～95%；革兰阴性菌细胞壁较薄，为 10～15nm，占细胞壁物质的 5%～20%。细胞壁除了肽聚糖外，还含有磷壁酸、脂多糖、脂蛋白等，其中脂多糖为革兰阴性菌所特有。革兰阳性菌和革兰阴性菌的细胞壁组成成分和结构显著不同，导致这两类细菌在革兰染色以及对某些药物的敏感性等方面存在较大差异。

2. 细胞膜（Cell membrane）

细胞膜位于细胞壁内侧，紧包着细胞质，是一层富有弹性的半透性薄膜。细胞膜的主要成分是磷脂和蛋白质。膜上分布有多种酶，参与细胞的呼吸、能量代谢及生物合成等，参与细胞内外的物质转运、交换，维持细胞内正常的渗透压等。

3. 细胞质（Cytoplasm）

细胞质是指细菌细胞膜所包围的胶状物质，是一种无色透明、均质的黏稠胶体。基本成分是水、蛋白质、无机盐、核酸、脂类、多糖类等。细胞质是细菌进行物质代谢以及合成核酸和蛋白质的场所。细胞质内还含有几种重要的结构，如核糖体、质粒、间体及各种内含物等。

4. 核质（Nuclear material）

细菌没有完整的细胞核，其遗传物质无核膜包围，仅由裸露的双股 DNA 盘绕而成，称作核质。核质多分布于菌体中央，除了 DNA 分子外，还含有少量 RNA 多聚酶和组蛋白样蛋白。核质多呈球状、哑铃状、带状或网状等形态。细菌的核质含有细菌的遗传基因，其功能是控制细菌的遗传和变异。

二、细菌的特殊结构

细菌除了上述的基本结构外，有些细菌在一定条件下还能形成荚膜、鞭毛、菌毛、芽孢等特殊结构。

1. 荚膜（Capsule）

某些细菌在其生活过程中，细胞壁的外周包围一层界限分明、不易被洗脱的黏液性物质，其厚度 ≥ 0.2μm，称为荚膜（图 1-2-2）。荚膜对碱性染料不易着色，因此用普通方法染色后只能看到菌体周围有一层未着色的透明带。如果用荚膜染色法，可以清楚地看到荚膜。荚膜并非细菌生存所必需的结构，如荚膜丢失，细菌仍能存活。

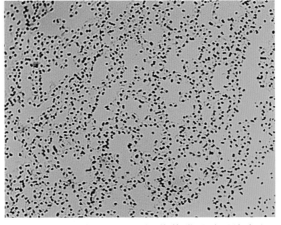

图 1-2-2　多杀性巴氏杆菌荚膜（瑞氏染色）

莢膜的功能是保护细菌免遭吞噬细胞的吞噬和消化,还能抵抗抗体的作用,因而与细菌的毒力有关,并且是某些致病菌的重要毒力因子。

2. 鞭毛(Flagellum)

大多数弧菌、螺菌、杆菌及极少数球菌的菌体表面附着有细长、弯曲的丝状物,一至数十根不等,称为鞭毛(图1-2-3)。鞭毛的直径为 5~20nm,长度为 10~20nm。在电镜下能直接观察到细菌的鞭毛。鞭毛是细菌的运动器官,将细菌穿刺接种于含 0.3%~0.4% 琼脂的半固体营养琼脂中培养后观察,如果在穿刺线周围出现扩散现象,表明该菌有鞭毛,具有运动性;反之,则表明该菌无鞭毛,不运动。

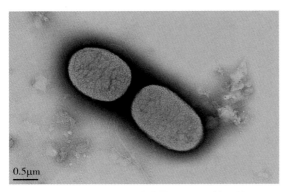

图 1-2-3 大肠埃希菌鞭毛(透射电镜)

鞭毛的成分是蛋白质,由鞭毛蛋白的亚单位组成,具有抗原性,称为鞭毛抗原或 H 抗原。不同细菌的 H 抗原具有型特异性,常作为血清学鉴定的依据之一。

3. 菌毛(Pilum)

大多数革兰阴性菌的菌体表面生长一种比鞭毛更短、更细的丝状附属物,称为菌毛(图1-2-4)。菌毛是一种空心的蛋白质管,具有良好的抗原性。按功能不同,可将菌毛分为普通菌毛和性菌毛。

普通菌毛数量较多,均匀分布于菌体表面,作为一种黏附结构,帮助细菌黏附于宿主细胞的受体上,构成细菌的一种侵袭力;性菌毛仅见于少数革兰阴性菌,比普通菌毛长而粗,但数量少,仅 1~4 根,并随机分

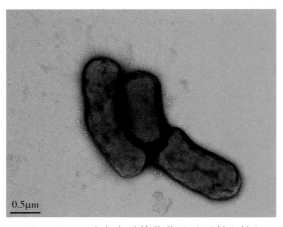

图 1-2-4 肺炎克雷伯菌菌毛(透射电镜)

布于菌体的两侧。带有性菌毛的细菌具有致育性,称为 F⁺ 菌。当细菌间由性菌毛结合时,F⁺ 菌可将毒力质粒、耐药质粒和核质等遗传物质通过管状的性菌毛输入 F⁻ 菌,从而使 F⁻ 菌获得 F⁺ 菌的某些特征。此外,性菌毛也是某些噬菌体吸附于细菌表面的受体。

4. 芽孢(Spore)

在一定的环境条件下,某些细菌的细胞内形成一个圆形或椭圆形的休眠体构造,称为芽孢(图1-2-5)。芽孢具有较厚的芽孢壁、多层芽孢膜,结构坚实,含水量少,折光性强。

芽孢的大小、形状、位置随不同细菌而异，具有一定的鉴别意义。不同的细菌，其芽孢所处的位置也不相同，有的在中部，有的在末端，有的在顶端。例如：肉毒梭菌的芽孢横径比菌体大，位于菌体末端；炭疽杆菌的芽孢比菌体横径小，位于菌体中央；破伤风梭菌的芽孢比菌体大，位于菌体末端，呈鼓槌状。

细菌一般在动物体外才形成芽孢，不同细菌形成芽孢的条件也不相同。例如：炭疽杆菌在有氧环境中形成，破伤风梭菌在厌氧

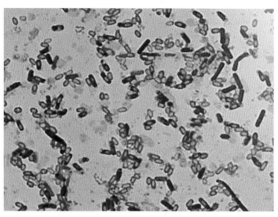

图 1-2-5 枯草杆菌芽孢（革兰染色）

且营养不足时形成。芽孢不分裂繁殖，对外界不良环境有强大的抵抗力，是细菌保存生命的一种休眠结构。当环境适宜时，芽孢萌发成新的营养体，进行分裂繁殖。

第三节 细菌的菌落特性

菌落形态包括菌落的大小、颜色、边缘、形状、表面、高度、质地、光泽、气味和透明度等。每一种细菌在一定条件下形成固定的菌落特征。同种或不同种细菌在不同的培养条件下，菌落特征也可能不同，可作为鉴定细菌的依据。

（1）大小：直径用 mm 表示，一般分小菌落（< 2mm）、中等大小菌落（2 ~ 3mm）、大菌落（> 3mm）3 种。

（2）边缘：整齐、卷发状、树枝状、锯齿状等（图 1-3-1）。

（3）形状：点状、不规则形、圆形、卵圆形、卷发状、菌丝状等（图 1-3-1）。

（4）表面：干燥、湿润、皱褶、粗糙、光滑、同心圆、放射状、露滴状等（图 1-3-1）。

（5）颜色：无色、褐色、柠檬色、灰白色、乳白色、紫色、黄色、金黄色、红色、黑色、绿色等（图 1-3-2）。

（6）高度：扁平、凸起、隆起、脐形等。

（7）透明度：不透明、透明、半透明。

（8）质地：用接种环挑取，易碎、黏稠等。

（9）光泽：荧光、有光泽、无光泽等。

（10）气味：水果味、姜香味、恶臭味、甜味等。

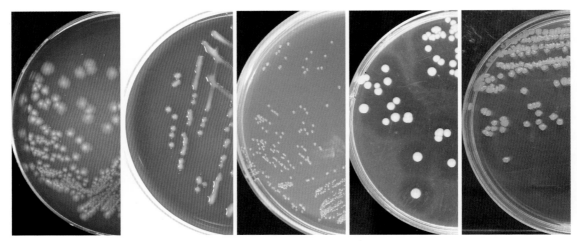

图 1-3-1　细菌菌落不同形态示意

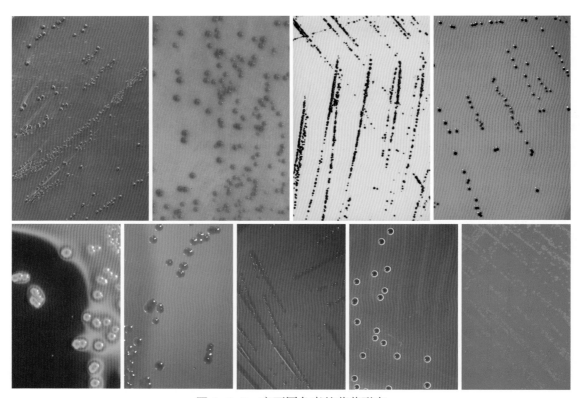

图 1-3-2　产不同色素的菌落形态

（11）溶血现象：观察菌落周围的溶血现象。在血平板上可分为不溶血（γ 溶血）、不完全溶血（α 溶血）和完全溶血（β 溶血）（图 1-3-3）。

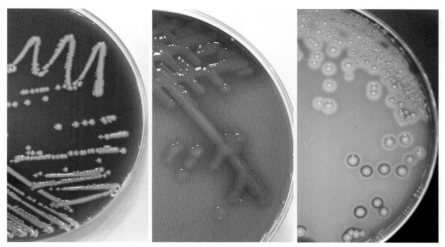

图 1-3-3　菌落不同溶血现象

从左到右依次为 γ 溶血、α 溶血、β 溶血

第四节　细菌的生化特性

一、糖类代谢试验

1.糖（醇、苷）类分解试验

（1）原理：细菌对于糖（醇、苷）类的代谢，可分为需氧和厌氧两种。需氧代谢过程可将糖（醇、苷）类完全氧化，分解生成 CO_2 和水；厌氧代谢过程对糖（醇、苷）类进行不完全分解（发酵），生成多种产物（如酸类等）。根据细菌对糖（醇、苷）类不同的分解能力进行细菌种类的鉴定，可用指示剂和发酵管检验。

（2）试验方法：取少许待检菌接种后培养，每天观察并记录结果，根据需要可培养观察10 天以上。

（3）结果判断：若待检菌分解糖（醇、苷）类产酸、产气则培养液变为粉红色，且在倒置的发酵管内有气泡形成，记产酸产气、反应阳性（⊕）；若仅产酸则培养液变粉红色，发酵管内无气泡，记产酸、反应阳性（+）；若不产酸则培养液不变色，发酵管内无气泡，记反应阴性（−）（图 1-4-1）。

（4）注意事项

① 进行细菌种类的一般鉴定时，仅选用最有鉴别意义的糖（醇、苷）类。

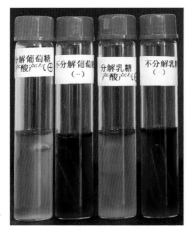

图 1-4-1　糖（醇、苷）类分解试验

② 对生长苛刻、营养要求较高的细菌需加入所需营养成分，如猪链球菌需在培养基中加入 5% ~ 10% 的动物血清，副猪嗜血杆菌需在培养基中加入 V 因子和 5% ~ 10% 的动物血清等。

③ 培养基中蛋白胨的用量宜少，以免细菌利用蛋白胨产生过多碱而中和分解糖（醇、苷）类所产的酸，导致假阴性结果。

④ 用接种针或环取细菌纯培养物少许逐管进行接种时，注意使细菌充分乳化分散于培养液中；或用无菌的微量滴管吸取待检菌后，滴加 1 滴（约 20μl）即可。

⑤ 试验中如无特殊需要，对多种糖（醇、苷）类进行试验时，仅在葡萄糖管中加入发酵管，以观察分解葡萄糖是否产气，其他糖（醇、苷）类管均可不加。也可在液体培养基中加入 0.3% ~ 0.5% 的琼脂使其成为半固体培养基，然后再进行穿刺接种。

2. 葡萄糖氧化 – 发酵试验（O-F 试验）

（1）原理：不同细菌在有氧或无氧条件下对葡萄糖的分解能力及代谢产物不同，有氧条件下称为氧化（氧化型，O），无氧条件下称为发酵（发酵型，F），不分解葡萄糖称产碱型（NR）。葡萄球菌和肠杆菌科的细菌均为发酵型。

（2）试验方法：取纯培养的细菌同时穿刺接种 2 管，接种后 1 管滴加 0.5 ~ 1cm 灭菌液体石蜡于培养基液面以隔绝空气，另一管不加，2 管同时在 36℃恒温箱培养 24 ~ 48h，观察结果。

（3）结果判断：两管均产酸变色为发酵型；两管均不变色为产碱型，仅开放管产酸变色而滴加液体石蜡管不变色为氧化型（图 1-4-2）。

F（发酵型）　　　　O（氧化型）　　　　NR（产碱型）

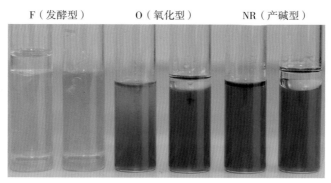

图 1-4-2　葡萄糖氧化 – 发酵试验（O-F 试验）

（4）注意事项

① 对于制备后保存时间较长的培养基，临用前需置沸水 10min，以驱逐培养基中可能存在的氧气，迅速冷却后进行接种。

② 常用于培养基表面封口的试剂有以下两种。一是液体石蜡，在 100ml 液体石蜡中加 1ml 水，高压灭菌备用；二是凡士林与液体石蜡等量混合，高压灭菌后置 110℃干热箱中烤干水分备用。

③ 对于阴性反应结果，需延长培养时间做最终判定。在记录结果时，一般用 O（氧化）、F（发酵）和 NR（产碱）符号表示，不用阳性或阴性表示，以免误解。

④ 质控菌株，建议氧化型细菌用铜绿假单胞菌 ATCC27853、发酵型细菌用大肠埃希菌 ATCC25922、产碱型细菌用粪产碱杆菌。

3. β 半乳糖苷酶试验（ONPG 试验）

（1）原理：细菌分解乳糖需两种酶，一是 β 半乳糖苷渗透酶，可以使乳糖分子向细菌内渗透；二是半乳糖苷酶，能将乳糖分解为半乳糖和葡萄糖。同时含有上述两种酶的细菌能快速分解乳糖；具有半乳糖苷酶的细菌，只能在 24 ~ 48h 内迟缓发酵乳糖；缺乏这两种酶的细菌不能分解乳糖。所有快速发酵或迟缓发酵乳糖的细菌均可分解邻硝基 β 半乳糖苷（ONPG），生成黄色的邻硝基酚。本试验用于测定不发酵或迟缓发酵乳糖的细菌是否产生半乳糖苷酶，可快速鉴定迟发酵乳糖的细菌，如亚利桑那菌属与沙门菌属的鉴别。

图 1-4-3　β 半乳糖苷酶试验（ONPG 试验）

（2）试验方法：挑取纯培养的细菌菌落混悬于无菌生理盐水中制备成浓厚菌悬液，加入甲苯 1 滴，充分振摇，将试管置于 37℃水浴中 5min，加入 ONPG 溶液 0.25ml，混匀，置于 37℃水浴，于 30min、1h、3h 和 24h 观察结果。

（3）结果判断：出现黄色判为阳性反应，通常在 20 ~ 30min 显色；不出现黄色可继续培养 24h 作最终判定，无色为阴性（图 1-4-3）。

（4）注意事项

① 本试验结果是以出现黄色判为阳性，不适合对产黄色素细菌的检验。

② ONPG 溶液不稳定，培养基呈黄色即不可使用。

③ 质控菌株，建议大肠埃希菌 ATCC25922 作为阳性对照，奇异变形杆菌 ATCC49005 作为阴性对照。

4. 三糖铁琼脂试验（TSI 试验）

（1）原理：三糖铁琼脂含有乳糖、蔗糖和葡萄糖（比例为 10：10：1）。因培养基中葡萄糖的含量低，分解葡萄糖的细菌生成少量的酸，因接触空气而被氧化，使斜面逐渐变成红色；底部厌氧环境中的酸不被氧化，仍保持黄色。发酵乳糖和蔗糖的细菌则产生大量的酸，使培养基底部和斜面均呈现黄色。某些细菌能生成硫化氢（H_2S），硫化氢和培养基中的铁离子反应，生成黑色的硫化亚铁沉淀。本培养基用于鉴别肠道菌发酵蔗糖、乳糖、葡萄糖及产生硫化氢的生化反应。

（2）试验方法：用接种环挑取待检菌的新鲜纯培养物，穿刺接种至培养基 2/3 深度，并涂布斜面，置培养箱 36℃ ±1℃培养 18～24h。

（3）结果判断：若底部变黄，则分解葡萄糖产酸（acid，A）；若底部、斜面均变黄，表明分解乳糖和（或）蔗糖产酸（A）；若培养基变为红色，表明不分解葡萄糖、乳糖和（或）蔗糖，并有产碱（K）反应。需氧菌底部不生长，斜面变色；兼性厌氧菌底部、斜面均变黄；有的细菌对糖不分解，无产碱反应，在三糖铁琼脂培养基内生长，不变色（NC）。记录结果的顺序：斜面反应 / 底部反应 / 产气现象 /H_2S 产生。一般具体记录方式为：①酸 / 酸（A/A）；②碱 / 酸（K/A）；③酸 / 酸，产气（A/Ⓐ）；④碱 / 碱（K/K）；⑤酸 / 酸，产 H_2S（A/A，H_2S）；⑥无变化 / 无变化（－/－，或 NC/NC）；⑦碱 / 无变化（K/－，或 K/NC）；可疑反应用 V 表示（结果不定）（图 1-4-4）。

（4）注意事项

① 本试验普遍适用对肠杆菌科细菌的初步鉴定。但有些肠杆菌如变形杆菌、沙门菌、志贺菌之间有相似反应，应与尿素酶试验同时进行。

② 本试验可采用克氏双糖铁琼脂（KI），不含蔗糖，制备与 TSI 相同，接种、培养、结果判定等与 TSI 基本一致，但 KI 常应用于大肠埃希菌的初步鉴定。KI 虽可代替 TSI，但两者的反应有所不同，因不发酵乳糖而发酵蔗糖的细菌在斜面上有不同的反应结果，如沙门菌在 KI 上为 K/Ⓐ（图 1-4-5），在 TSI 上为 A/Ⓐ。

③ 培养基最好现配现用，或在临

图 1-4-4　TSI 试验反应结果

图 1-4-5　KI 试验反应结果（沙门菌）

用前融化并重新凝固后使用。

④ 应使用接种针进行细菌接种，避免使用接种环。因后者可能会造成培养基琼脂破裂，影响结果观察。结果观察判定一般在培养 18 ~ 24h 进行，时间过短可能会因糖发酵还未产生足够量的酸使指示剂改变颜色，时间过长则有可能因细菌利用蛋白胨产碱后改变 pH，从而改变培养基颜色。

（5）质控菌株及结果判断见表 1-4-1。

表 1-4-1　不同质控菌株 TSI 与 KI 试验反应结果

TSI 试验质控菌株		KI 试验质控菌株	
菌　株	结　果	菌　株	结　果
大肠埃希菌 ATCC25922	A/Ⓐ	大肠埃希菌 ATCC25922	A/Ⓐ
普通变形杆菌 ATCC13315	A/Ⓐ，H$_2$S	普通变形杆菌 ATCC13315	K/Ⓐ，H$_2$S
铜绿假单胞菌 ATCC9027	K/K	粪产碱杆菌 ATCC19018	K/K
肠炎沙门菌 ATCC13076	K/Ⓐ，H$_2$S		

5. 甲基红试验（MR 试验）

（1）原理：某些细菌分解葡萄糖形成丙酮酸，丙酮酸进一步分解成甲酸、乙酸、乳酸等，使培养基 pH 下降至 4.5 以下。因甲基红指示剂变色范围 pH4.4（红色）~ 6.2（黄色），加入甲基红指示剂即变为红色；一些细菌虽能分解葡萄糖，但产酸量少或将酸进一步分解为醇、酮、醛等中性产物，使培养基 pH > 6.2，加入甲基红指示剂变为黄色。该试验大肠埃希菌阳性、溶液呈红色，产气肠杆菌阴性、溶液呈黄色，可用于两者的鉴别。

（2）试验方法：将待检细菌的纯培养物接种于葡萄糖蛋白胨水培养基，36℃ ±1℃或 30℃培养 2 ~ 5 天。滴加 1 ~ 2 滴甲基红试剂后立即观察结果。

（3）结果判断：呈红色为 MR 试验阳性，呈橘红色为弱阳性，记为 MR+；呈橘黄色或黄色为阴性，记为 MR-。培养至第 5 天仍为阴性，即可判定结果（图 1-4-6）。

（4）注意事项

① 接种细菌的量应一致，菌液浓度不能超过 10^9，否则抑制细菌生长。一般对阴性结果观察 5 天以上。

② 试验表明，大肠埃希菌葡萄糖发酵产酸的能力比产气肠杆菌

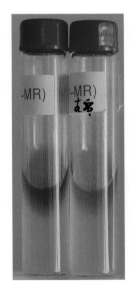

图 1-4-6　MR 试验
左侧阳性，右侧阴性

高6倍以上，实际试验中可用于这两种细菌的鉴别。

③ 质控菌株，建议大肠埃希菌作为 MR 阳性对照，产气肠杆菌作为 MR 阴性对照。

6. 维 – 培试验（V–P 试验）

（1）原理：某些细菌分解葡萄糖产生丙酮酸，再将丙酮酸脱羧生成乙酰甲基甲醇，后者在碱性溶液中被空气氧化后与培养基中的精氨酸等所含的胍基发生反应，生成红色化合物，为 V–P 试验阳性。产气肠杆菌能生成乙酰甲基甲醇，V–P 试验阳性；大肠埃希菌不能生成乙酰甲基甲醇，V–P 试验阴性。

（2）试验方法：将待检菌接种于葡萄糖蛋白胨水培养基，36℃±1℃培养1~2天，加入等量的 V–P 试剂，36℃孵育，4h 内观察结果。

（3）结果判断：在培养基表面出现红色为 V–P 试验阳性，无红色出现为 V–P 试验阴性（图 1-4-7）。

图 1-4-7　V–P 试验
左侧阴性，右侧阳性

（4）注意事项

① V–P 试验常与 MR 试验并列使用，一般两者呈相反结果，但并不绝对。

② 进行 V–P 试验时，培养基不能含有牛肉膏（浸液），因为其含有乙酰甲基甲醇、二乙酰等物质，会产生假阳性结果。

③ V–P 试验一般用于肠杆菌属的鉴别。在用于葡萄球菌、芽孢杆菌等细菌时，通用培养基中的磷酸盐可阻碍乙酰甲基醇的产生。

④ 质控菌株，一般将产气肠杆菌作为 V–P 试验阳性对照，大肠埃希菌作为 V–P 试验阴性对照。

7. 淀粉水解试验

（1）原理：有些分泌胞外淀粉酶的细菌能使淀粉水解为麦芽糖和葡萄糖，淀粉水解后遇碘不再变蓝色。本试验可用于检测细菌是否产生淀粉酶和利用淀粉的能力。

（2）试验方法：待检细菌纯培养物点接种于淀粉琼脂平板或试管中，36℃±1℃培养24~48h，滴加少量的 Lugol 氏碘液（革兰碘液也可以）于平板上或试管中，轻轻旋转，使碘液均匀铺满整个平板，2h 之内观察结果。

（3）结果判断：淀粉琼脂平板呈深蓝色、菌落周围出现无色透明环为阳性反应，说明淀粉被水解，根据菌落周围透明圈的大小可以判断待检细菌水解淀粉能力的强弱；菌落周围无透明环或试管液体为蓝色为阴性反应（图 1-4-8）。

（4）注意事项

① 本试验几乎适用于各类细菌的鉴定，但实践中常用于链球菌的分型鉴别。

② 淀粉琼脂平板应现配现用，不宜保存于冰箱。在冰箱中常会使培养基变得不透明。一般保存 2 周后淀粉琼脂平板上的淀粉发生变化，加入碘试剂会产生紫红色斑点。

③ 质控菌株，一般将枯草芽孢杆菌 ATCC6633 作为阳性对照，大肠埃希菌 ATCC25922 作为阴性对照。

④ 枯草芽孢杆菌在 36℃ ±1℃培养 24～48h 会长成一片，建议在 25℃培养 3～7 天，滴加碘液后于 2h 之内观察结果。

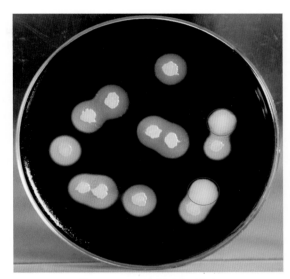

图 1-4-8　淀粉水解试验

红色圆圈示阴性反应

8. 七叶苷水解试验

（1）原理：有些细菌能水解七叶苷生成葡萄糖和七叶素。七叶素可与培养基中枸橼酸铁二价铁离子发生反应，形成一种黑色化合物，使培养基变黑。本试验主要用于 D 群链球菌与其他链球菌的鉴别。

（2）试验方法：将被检菌接种于七叶苷培养基中或胆汁七叶苷培养基，36℃培养 18～24h 观察结果。

（3）结果判定：培养基完全变黑为阳性，不变黑为阴性（图 1-4-9）。

（4）注意事项

① 本试验主要用于 D 群链球菌与其他链球菌的生化鉴别，前者阳性，后者阴性。

② 因高浓度的胆盐具有抑制除 D 群链球菌以外的多数链球菌生长，所以常选择胆汁七叶苷培养基，也可以选择胆汁七叶苷叠氮钠琼脂培养基（添加 50ml/L 马血清），能抑制 G-细菌生长，通常作为初步选择性的培养基使用。

③ 质控菌株，建议嗜水气单胞菌作为阳性对照，温和气单胞菌作为阴性对照。

图 1-4-9　七叶苷水解试验

左侧阴性，右侧阳性

二、蛋白质及氨基酸代谢试验

1. 明胶液化试验

（1）原理：某些细菌可产生明胶酶，能使明胶分解为氨基酸，从而使明胶失去凝固力而呈液化状态。

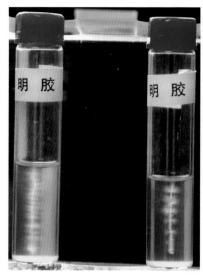

图 1-4-10　明胶液化试验

左侧阴性，右侧阳性

（2）试验方法：将待检细菌以较大量穿刺接种于明胶培养基约 2/3 高度，于 20~22℃培养 7~14 天，每天观察明胶液化现象。

（3）结果判断：明胶部分或全部液化，明胶液化试验阳性（图 1-4-10）。

（4）注意事项

① 明胶培养基接种细菌后，一般要求在 20~22℃培养，因为明胶一般在 ≤ 20℃时为固体，28℃时由固体向液体转变，≥ 35℃时为液体；多数细菌的明胶酶在 20℃条件下孵育比在 37℃下孵育能保持更强的活性、产生更多。

② 不同细菌进行穿刺接种培养后，液化的明胶可出现不同的形状（限于 20~22℃培养），如漏斗状、杉树状、圆柱状等，但其特异性不够稳定，一般不能作为对某种细菌的鉴定依据，仅供参考。

③ 对于液化明胶速度慢的菌株，可在培养基中按 2ml/100ml 的量加入甲苯，以增强细菌细胞壁的通透性，促使细胞内酶释放，以加快反应。因甲苯可能对某些菌株有抑制作用，所以同时设空白对照。

④ 试验中可根据待检菌的生长需要增加相应的营养成分，如动物血清，有些细菌（沙门菌属和葡萄球菌属）可产生需 Ca^{2+} 的明胶酶，建议在培养基中按 0.01mol/L 的量加入氯化钙。

（5）质控菌株，建议普通变形杆菌作为阳性对照，大肠埃希菌作为阴性对照。

2. 吲哚试验

（1）原理：有些细菌利用自身的色氨酸酶来分解培养基中的色氨酸生成吲哚（靛基质），其再与试剂中的对二甲基氨基苯甲醛作用生成玫瑰吲哚。本试验主要用于肠杆菌科细菌的鉴定。

（2）试验方法：将纯培养的待检细菌接种于蛋白胨水培养基中，36℃培养 24~48h，滴加吲哚试剂，观察结果。

（3）结果判断：培养基表面呈红色为吲哚试验阳性；呈橙色为可疑；不出现红色为阴性（图1-4-11）。

（4）注意事项

① 因胰化酪蛋白胨含有丰富的色氨酸，试验更多采用此培养基。在使用普通蛋白胨时，也可加入少量色氨酸（0.2 ~ 1g/100ml）。

② 吲哚试剂应贮于带塞的棕色玻璃瓶中，并置4℃冰箱中保存。吲哚试剂性质不稳定，应同时进行吲哚阳性对照和阴性对照菌株的吲哚试验。

③ 吲哚试验中不宜使用含有颜色指示剂的培养基上的培养物，以免指示剂干扰吲哚的显色反应。

④ 质控菌株，建议大肠埃希菌作为阳性对照，克雷伯菌作为阴性对照。

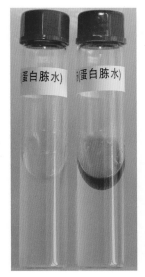

图1-4-11 吲哚试验
左侧阴性，右侧阳性

3. 苯丙氨酸脱氨酶试验

（1）原理：有些细菌产生的苯丙氨酸脱氨酶使苯丙氨酸脱氨后生成苯丙酮酸，加入三氯化铁试剂形成螯合物，产生绿色反应。

（2）试验方法：取待检细菌涂布接种到苯丙氨酸脱氨酶琼脂培养基斜面上，36℃培养18 ~ 24h，向试管中直接自斜面上方滴加适量的10%三氯化铁试剂，轻轻转动试管使试剂布满斜面，1 ~ 5min观察结果。

（3）结果判断：菌落生长处有绿色出现，苯丙氨酸脱氨酶试验阳性（+），菌落生长处无绿色出现，苯丙氨酸脱氨酶试验阴性（-）（图1-4-12）。

（4）注意事项

① 试验中应做较大量接种，加入三氯化铁试剂后转动斜面试管，使试剂与细菌、氧气充分接触，增加反应速度和强度，结果判断应立即进行，以不超过5min为宜，延长反应时间会引起褪色。

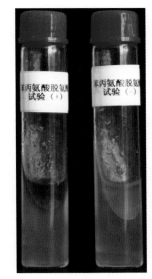

图1-4-12 苯丙氨酸脱氨酶试验
左侧阳性，右侧阴性

② 质控菌株，建议普通变形杆菌作为阳性对照，大肠埃希菌作为阴性对照。

4. 氨基酸脱羧酶试验

（1）原理：有些具有特异性脱羧酶的细菌能使氨基酸脱羧（—COOH）而生成胺和CO_2，

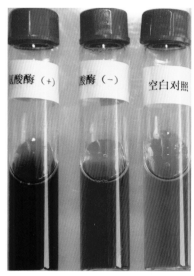

图1-4-13 氨基酸脱羧酶试验
从左到右依次为阳性、阴性、空白对照

使培养基的pH升高。最常用的氨基酸有赖氨酸、鸟氨酸和精氨酸。

（2）试验方法：挑取细菌培养物分别接种不同氨基酸培养基和不含氨基酸的对照管内，上面滴加一层无菌液体石蜡，36℃培养18～24h，必要时可延长至48h，观察结果。

（3）结果判断：培养基呈紫色，氨基酸脱羧酶阳性反应（＋）；培养基呈黄色，氨基酸脱羧酶阴性反应（－）（图1-4-13）。

（4）注意事项

① 接种前须将各种培养基及对照管做好标记，以免混淆而造成误判。

② 阳性反应为培养初期（10～12h）因葡萄糖发酵产酸使培养基变为黄色，继续培养则因氨基酸脱羧产胺（碱性）而又使培养基由黄色变为紫色；阴性反应因葡萄糖产酸而使培养基变为黄色。本试验在静置培养时可呈现黄色与紫色两层不同的颜色，判断结果时需轻摇试管，若已培养24h则出现任何紫色的痕迹均判阳性。

③ 判断结果时，应与空白对照管进行比较，经培养后空白对照管必须为黄色，否则该试验无效。试验管出现任何紫色的痕迹都可判定为阳性结果。培养时间一般不应超过4天，若时间过长，蛋白胨中其他氨基酸可以被分解产碱而出现假阳性。

④ 本试验主要用于肠杆菌科的鉴定，也可用于假单胞菌属、气单胞菌属、弧菌属等细菌的鉴定。弧菌属细菌进行该试验时需在培养基中加入NaCl（1g/100ml）。

⑤ 质控菌株，建议鼠伤寒沙门菌CMCC（B）50115作为阳性对照，培养基呈紫色；普通变形杆菌CMCC（B）49027作为阴性对照，培养基呈黄色。

三、碳源与氮源利用试验

1.枸橼酸盐利用试验

（1）原理：某些细菌（如产气肠杆菌）能利用枸橼酸盐作为唯一的碳源，分解枸橼酸盐生成碳酸盐，并分解其中的铵盐生成氨，使培养基由酸性变为碱性，培养基由淡绿色转为深蓝色，为阳性。大肠埃希菌不能利用枸橼酸盐作为唯一碳源，在该培养基上不能生长，培养基颜色不改变，为阴性。

（2）试验方法：将细菌纯培养物先斜面划线、再穿刺接种于枸橼酸盐培养基，36℃培养

1 ~ 2 天后观察结果。

（3）结果判断：培养基变蓝色，为枸橼酸盐利用试验阳性（+）；培养基不变色，为阴性（-）（图1-4-14）。

（4）注意事项

① 细菌接种量不宜过量，否则会使斜面呈现淡黄色到淡褐色而影响结果判断，造成假阳性。不能通过细菌接种带入原培养基中的营养成分或其他碳源。

② 质控菌株，建议使用肺炎克雷伯菌 ATCC13883 作为阳性对照，大肠埃希菌 ATCC25922 作为阴性对照。

四、酶类及其他试验

1. 氧化酶试验

（1）原理：氧化酶在有分子氧或细胞色素 C 存在时可氧化，对二苯二胺出现紫色反应。本试验用于检测细菌是否有该酶存在。假单胞菌属、气单胞菌属等阳性，肠杆菌科等阴性，可区别。

图 1-4-14 枸橼酸盐利用试验

左侧阳性，右侧阴性

（2）试验方法：将氧化酶试剂直接滴在固体培养基细菌的菌落上，或蘸取细菌菌落少许涂抹在白色的洁净滤纸上，加氧化酶试剂 1 滴，立即观察结果。

（3）结果判断：滴加 Kovacs 氏试剂，在 15s 内观察结果，出现玫瑰红色至深紫色者为氧化酶阳性（+）；滴加 Ewing 氏试剂，2min 内观察结果，出现蓝色为氧化酶阳性（+），否则为氧化酶阴性（-）（图1-4-15）。

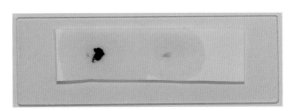

图 1-4-15 氧化酶试验

左侧阳性，右侧阴性

（4）注意事项

① 对革兰阴性杆菌首先进行氧化酶试验，初步区分非常必要。

② 不能使用选择性培养基和（或）鉴别培养基上的细菌进行氧化酶试验，避免这些培养基的某些成分或指示剂颜色的干扰；因葡萄糖发酵可影响氧化酶活性，也不能使用含有葡萄糖的培养基。一般常用胰蛋白胨大豆琼脂（TSA）、脑心浸液琼脂（BHI）。

③ 目前有商品化氧化酶试剂，按使用说明操作即可。试验时可以用一次性接种环或灭菌牙签将新鲜细菌单个菌落涂抹于白色滤纸上；因微量铁可引起对二苯二胺试剂氧化而导致假阳性结果，故不能使用含铁金属接种环。

④ 氧化酶试剂容易失效，应临用前新鲜配制。避光保存，建议将试剂分装在 1~2ml 的安瓿瓶中置低温冰箱（–20℃）冷冻保存，临用前融化，融化后的不宜再保存使用。

⑤ 用 Kovacs 试剂时，一般在 10s 内观察结果，10~60s 出现阳性反应者为迟缓反应，60s 后仍不出现相应颜色反应者为阴性反应。对出现迟缓反应者，最好用含有血液的琼脂培养基上的新鲜培养物重新试验。

⑥ 质控菌株，建议用铜绿假单胞菌 ATCC 27853 作阳性对照，大肠埃希菌 ATCC25922 作阴性对照。

2. 过氧化氢酶试验（触酶试验）

（1）原理：具有过氧化氢酶的细菌能催化过氧化氢生成水和新生态氧，继而形成分子氧，出现气泡。革兰阳性球菌中，葡萄球菌和微球菌均产生过氧化氢酶，而链球菌属为阴性，故此试验常用于革兰阳性球菌的初步分群。

（2）试验方法（玻片法）：挑取固体培养基上的新鲜单个菌落置于洁净的玻片上，然后加 1~2 滴 3% 过氧化氢溶液，静置，1min 内观察结果。

（3）结果判断：于 1min 内产生大量气泡者为过氧化氢酶试验阳性（+），不产生气泡者为过氧化氢酶试验阴性（–）（图 1–4–16）。

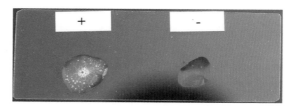

图 1–4–16　触酶试验

（4）注意事项

① 3% 过氧化氢试剂不稳定，最好临用前配置于棕色瓶内，于 4℃阴暗处保存。

② 红细胞中含有过氧化氢酶，当待检细菌营养要求高、需在含有血液的培养基上生长时，可使用巧克力琼脂培养基（红细胞已被溶解）进行过氧化氢酶试验。

③ 待检细菌必须是新鲜培养物，因为只有新鲜培养物才具有过氧化氢酶活性。老龄培养物可能会丧失酶活性，导致假阴性或弱阳性反应。

④ 试验时可以用一次性接种环或灭菌牙签将新鲜细菌单个菌落涂抹于玻片上。不可用含铁金属接种环，否则会导致假阳性反应。

⑤ 质控菌株，建议用金黄色葡萄球菌 ATCC25923 作阳性对照，链球菌属细菌作阴性对照。

3. 尿素酶试验

（1）原理：有些细菌能产生尿素酶，将尿素分解而产生 2 个分子的氨，使培养基变为碱性，使 pH 指示剂（酚红）呈粉红色。不同细菌产生尿素酶的能力具有明显差异，尿素酶的测定是一项常规细菌生化鉴定指标，大肠埃希菌、沙门菌无尿素酶，培养基颜色不改变，则为阴性。

（2）试验方法：挑取 18～24h 待检细菌培养物大量接种于改良 Rustigian 尿素肉汤培养基管中，摇匀，于 36℃±1℃ 培养 10min、1h 和 2h，分别观察结果。或大量涂布接种于 Christensen 氏琼脂斜面并浅穿刺（不要到达底部，留底部作变色对照），培养 2h、4h 和 24h，分别观察结果，如阴性应继续培养至 4 天作最终判定。

（3）结果判断：培养基变为红色为尿素酶试验阳性（＋），培养基仍为黄色为尿素酶试验阴性（－）（图 1-4-17）。

（4）注意事项

① 尿素酶阳性反应出现的时间与接种量有直接关系。在一定范围内，接种量越大其反应出现的时间越短，但超过一定的接种量，反应速度不再无限度地加快。

② 仅斜面顶部呈现粉红色为弱阳性（弱＋），仅斜面粉红色而底部无变化者为阳性（＋），整个培养基均呈粉红色者为强阳性（2+）。

图 1-4-17 尿素酶试验
左侧阳性，右侧阴性

③ 质控菌株，建议用普通变形杆菌 ATCC33420 作阳性对照，大肠埃希菌 ATCC25922 作阴性对照。

4. 血浆凝固酶试验

（1）原理：病原性葡萄球菌能产生两种血浆凝固酶，一种是结合凝固酶，使血浆中纤维蛋白原变为不溶性纤维蛋白，附于细菌表面，生成凝块；另一种是游离凝固酶，不直接作用于血浆纤维蛋白原，能使凝血酶原变成凝血酶样物质，从而使血浆凝固。血浆凝固酶试验是鉴定葡萄球菌致病性的重要试验，用于常规鉴定金黄色葡萄球菌与其他葡萄球菌。

（2）试验方法：主要包括玻片法和试管法，玻片法主要测定结合凝固酶，试管法测定结合凝固酶和游离凝固酶。

① 玻片法：在洁净载玻片中央加 1 滴生理盐水，取细菌新鲜纯培养物与其混合制成细

菌悬液，经 10～20s 观察，无自凝现象发生，则加入一滴兔血浆，与菌悬液混合，立即观察结果。

② 试管法：取细菌新鲜纯培养物与 0.5ml 兔血浆（经生理盐水 1：4 稀释）充分混匀，置 36℃（水浴锅或恒温箱）中 4h，每 30min 观察 1 次结果。同时设阳性对照及阴性对照。

（3）结果判断

① 玻片法：5～20s 有明显的凝块沉淀出现（稍前后倾斜载玻片更易观察），为血浆凝固酶阳性反应（＋）；3～4min 后无凝固现象出现，为血浆凝固酶阴性反应（－）。

② 试管法：若 4h 内试验管和阳性对照管全部或大部分出现凝固，而阴性对照管（不加兔血浆的浓菌液管）不发生凝固，为血浆凝固酶阳性（＋）；无凝固为血浆凝固酶阴性（－）。对阴性和仅有小凝块者，放置过夜后再观察（图 1-4-18）。

图 1-4-18　血浆凝固酶试验
上面阳性，下面阴性

（4）注意事项

① 一般情况下，玻片法常用于初筛检验，对所有阴性反应和延迟阳性结果（超过 20s）的均应做试管法证实。因为金黄色葡萄球菌的某些菌株玻片试验可能为阴性，而试管法对结合凝固酶和游离凝固酶均可检出。

② 试管法试验时，接种后及培养期间均不要振摇试管，因凝固初期的凝块很易破碎，且破碎后继续培养也难以形成凝块，导致假阴性结果。

③ 中间型葡萄球菌、猪葡萄球菌需要较长时间（4h 以上）孵育才出现阳性。

④ 制备的细菌悬液要均匀，以便观察结果。

⑤ 质控菌株，建议表皮葡萄球菌作阴性对照，金黄色葡萄球菌作阳性对照。

5. 氢氧化钾拉丝试验

（1）原理：革兰阴性细菌的细胞壁在稀碱溶液中易于破裂，释放出未断裂的 DNA 螺旋，使氢氧化钾菌悬液呈现黏性，可用接种环搅拌后拉出黏丝来；革兰阳性细菌在稀碱溶液中没有上述变化。本试验主要用于革兰阴性菌与易脱色的革兰阳性菌的鉴别。

（2）试验方法：取 1 滴 4% 氢氧化钾水溶液（应新鲜配制）于洁净玻片上，取新鲜菌落少许，与氢氧化钾水溶液搅拌混匀，并每隔几秒钟上提接种环，观察能否拉出黏丝。

（3）结果判断：用接种环拉出黏丝者为氢氧化钾拉丝试验阳性（+），仍为混悬液者为氢氧化钾拉丝试验阴性（-）。大多数革兰阴性菌于5~10s出现阳性，有的需30~45s；60s以后拉出黏丝者，判断为氢氧化钾拉丝试验阴性（-）（图1-4-19）。

（4）注意事项

① 4%氢氧化钾溶液应新鲜配制（即用前当日配制），否则易出现假阴性。4%氢氧化钾溶液与菌落比例应适当，如菌悬液太稀可出现假阴性。

图1-4-19　氢氧化钾拉丝试验阳性

② 革兰阳性细菌培养物如超过48h可能会出现假阳性，因此必须使用新鲜细菌培养物。

6. CAMP试验

（1）原理：B群链球菌（无乳链球菌）能产生CAMP因子，可促进金黄色葡萄球菌β溶血素活性，使血琼脂平板上的2种细菌在划线交接处溶血能力增强，形成矢形（半月形）的透明溶血区。

（2）试验方法：在羊血或马血琼脂平板上，先将β溶血的金黄色葡萄球菌划一横线接种，再将待检菌垂直划线接种，两者应相距0.5~1cm，于35℃孵育18~24h后观察结果。每次试验应做阴阳性对照。

（3）结果判断：两种细菌划线交接处出现矢形（半月形）的透明溶血区为CAMP试验阳性（+）（图1-4-20）。

（4）注意事项：建议选择金黄色葡萄球菌ATCC25923或B群链球菌作为阳性对照。

7. IMViC试验

吲哚（I）、甲基红（M）、V-P（Vi）、枸橼酸盐利用（C）4种试验常用于鉴定肠道杆菌，合称为IMViC试验。大肠埃希菌对这4种试验的结果是++--（图1-4-21），沙门菌为-+-+（图1-4-22），产气肠杆菌为--++。常见肠杆菌科中IMViC试验结果见表1-4-2。

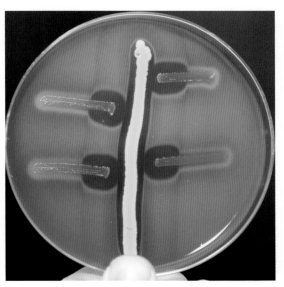

图1-4-20　CAMP试验

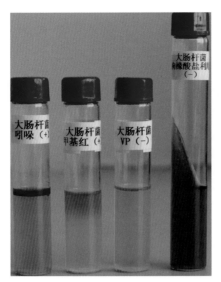

图 1-4-21 IMViC 试验结果（大肠埃希菌）

图 1-4-22 IMViC 试验结果（沙门菌）

表 1-4-2 常见肠杆菌科中与兽医学有关的主要属的生化特性

试验或培养基	埃希菌属	志贺菌属	沙门菌属	克雷伯菌属	肠杆菌属	变形菌属	耶尔森菌属
吲哚	+	V	−	−	−	V	V
甲基红	+	+	+	V	−	+	+
V−P	−	−	−	V	+	V	
枸橼酸盐利用	−	−	+	V	+	V	−

注：+ 示 90% ~ 100% 阳性；− 示 0 ~ 10% 阴性；V 示种间有不同反应。

第二章

细菌检验基本技术

第一节　样本采集和处理

实验室分离细菌首先需要采集样本，样本采集对能否分离出致病菌至关重要。用作分离细菌的标本应尽量在用药治疗前采集，采样时应严格无菌操作，样本置于无菌密封的容器。样本采集后应立即送往实验室。如果临床样本中含有病原体微生物，会对工作人员和周围人群造成威胁，因此微生物实验室必须遵守生物安全防范措施，按照危险材料运输程序和检测样本处理程序对所有废弃物进行处理和消毒。

采样时应填写采样单，包括场名、畜种、日龄、联系人、电话、规模、采样数量、样本名称、编号、免疫情况、发病情况、临床表现等。将采样单和病史资料随样本一起送到实验室。

一、样本采集

1. 血液样本的采集

哺乳动物采集血样一般选用颈静脉（如猪、羊等）或尾静脉（如牛）采血。禽类一般选择翅静脉采血，也可以通过心脏采血，但是心脏采血对家禽的伤害较大甚至会造成死亡。兔可从耳背静脉或心脏进行采血；啮齿类动物可从尾尖采血，也可从眼窝内的血管丛采血；对犬类或其他毛皮类动物少量采血可穿刺耳尖外侧静脉，大量采血可在隐静脉采血。

对动物采血部位应先剃毛或拔毛，再用 75% 乙醇或碘酒消毒，待干燥后采血。采血一般用一次性采血器或真空管采血。

在进行血液细菌培养时，通常用全血样本，样本中应添加抗凝剂。抗凝剂可以用 0.1% 的肝素、阿氏液或 3.8% ~ 4.0% 的枸橼酸钠。采血时应事先将抗凝剂吸入采血器中或直接将血液滴入抗凝剂中，并立即摇动，充分混合。

（1）采血物品准备：采样物品包括采样箱、采血器、塑料试管、试管架、酒精棉球、记号笔、采样单。防护物品包括防护服、乳胶手套、防护帽、一次性鞋套等物品（图 2-1-1）。

图 2-1-1　采样物品

（2）常见动物的采血方法

① 禽血样采集：可翅静脉或心脏采血。

a. 翅静脉采血：将鸡翅膀展开露出腋窝，拔去羽毛，即可见到翼根的翅静脉。翅静脉是由翼根进入腋窝的一条较粗静脉。用 75% 乙醇或碘酒消毒皮肤，抽血时用左手指压迫翅静脉向心端，血管出现怒张。右手握注射器，针头由翼根向翅膀方向平行刺入静脉，针头约与皮肤呈 15° 角［图 2-1-2（a）］。持针时手要稳，进针不宜过深。如刺穿血管，很快会引起皮下血肿，导致采血失败。

b. 心脏采血：心脏采血不但对鸡的心脏损伤较大，也易伤及其他脏器而导致鸡只死亡，特别是雏鸡最易导致死亡。为了避免伤及其他脏器，采血前对心脏的位置要把握好，定位要准。心脏采血虽然较有难度，但是采血速度快、血量多，尤其适用于需要多量血液时采用。

从侧面采血时，取右侧卧保定，助手应固定好鸡的双腿和翅膀，使鸡右侧卧、左侧面向上。采血者应首先对鸡的心脏进行定位：心脏的位置自龙骨突起前缘引一直线到翅基，再由此线中点向髋关节引一直线，此线前 1/3 和中 1/3 的交界处有一凹陷，即是心脏采血进针的部位。用食指触摸该处，可感觉到心跳。将采血部位羽毛拔去，进行常规消毒，用 7 ~ 9 号针头的采血器从肋骨间隙垂直或稍向前方进针，一般刺入 2 ~ 3cm，如不回血可调整进针深度，直至回血为止［图 2-1-2（b）］。心脏采血切不可在鸡胸腔内任意调整针头方向乱刺。若刺入心脏，可在 1min 内采血 3ml 以上。

前腔采血时，取仰卧保定，助手先固定好鸡的双腿和翅膀，使鸡胸骨脊朝上，在胸骨的前端锁骨融合成"V"字形的地方（鸭、鹅两锁骨的联合处较圆），将该处羽毛拔去，常规消毒。进针时使该处皮肤紧张，要避开嗉囊斜向胸腔深部刺入，但要保持针尖向胸腔中线，不宜偏斜，直至刺入心房，即可缓慢抽取血液［图 2-1-2（c）］。

（a）　　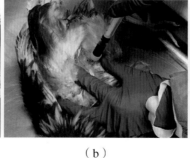（b）　　（c）

图 2-1-2　禽血样采集

（a）鸡翅静脉采血；（b）鸡侧面心脏采血；（c）鸡前腔心脏采血

② 猪血样采集：可前腔静脉或耳静脉采血。

a. 前腔静脉采血：采用仰卧或站立保定。助手将猪保定好后，采血者先对采血部位进行定位（前腔静脉位于肩胛内侧的前腔静脉窝内），再用75%乙醇或碘酒对采血部位进行消毒。将采血器以45°～60°倾斜度朝心端刺入2～3cm［图2-1-3（a）］，回抽采血器，见有回血时可根据需要采3～5ml。

b. 耳静脉采血：该方法适用于成年猪。可采用侧卧或站立保定。助手保定好猪只后，采血者一只手拉直猪耳，另一只手先用75%乙醇或碘酒对耳静脉处进行消毒，再持采血器从远心端平行耳静脉刺入［图2-1-3（b）］。采血完毕后再用灭菌棉球按压采血处约1min进行止血。

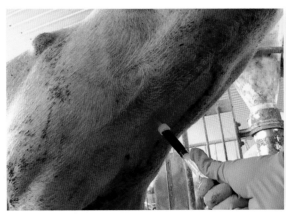 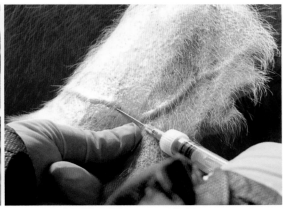

（a）　　　　　　　　　　　　　　　（b）

图2-1-3　猪血样采集

（a）猪前腔静脉采血；（b）猪耳静脉采血

③ 羊血样采集：颈静脉采血。助手骑在羊背上，两手抓住羊角或羊耳进行保定。采血者对羊的颈静脉沟部位剪毛、消毒，一只手按压颈静脉下端使其充盈怒张，另一只手将针头平行于颈静脉朝远心端刺入0.5～1cm（图2-1-4）。采血完毕后，先松手后拔针头，并用灭菌棉球按压采血部位约1min进行止血。

④ 牛血样采集：可尾静脉、颈静脉采血。

a. 尾静脉采血：助手将牛保定，采血

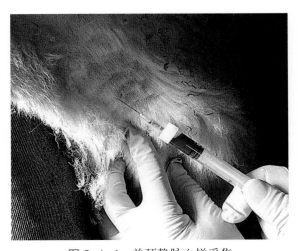

图2-1-4　羊颈静脉血样采集

图 2-1-5　牛尾血样采集

图 2-1-6　犬隐静脉血样采集

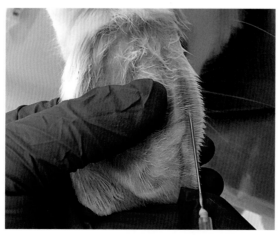

图 2-1-7　兔耳静脉血样采集

者左手托起牛尾巴，在牛的肛门上方、距尾根 5～20cm 处对采血部位消毒后，由下向上垂直进针刺入牛尾腹侧中心线位置 0.5～1cm（图 2-1-5），见有回血即可抽血，一般采集 5ml 即可。采血完毕后，拔出采血针，用灭菌棉球按压约 1min 进行止血。

b. 颈静脉采血：采血方法与羊的颈静脉采血相同。

⑤ 犬血样采集：隐静脉采血。采血部位在后肢跗骨关节外侧的上方。助手将犬侧卧保定，采血者将犬一侧的后肢拉直并在大腿部位扎上止血带，采血部位剪毛、消毒，即可暴露血管进行采血（图 2-1-6）。应注意，犬此处皮下组织疏松，血管易于滑动，较难刺入血管。

⑥ 兔血样采集：耳静脉采血。助手固定好兔子。采血者选择耳静脉清晰的耳朵，先剪去采血部位的被毛，用 75% 乙醇或碘酒进行局部消毒；再用手指轻轻摩擦兔耳，使静脉扩张；然后将针头逆血流方向刺入耳缘静脉采血（图 2-1-7）。采血完毕后，用灭菌棉球压迫止血。本法为兔最常用的采血方法，可多次采集血液。

2. 体液样本的采集

（1）脓汁的采集：如果采集脓汁进行病原菌分离，应在未用药物治疗前无菌采集。采集已破口脓灶的脓汁，宜用棉拭子蘸取；未破口的脓灶，可以用注射器抽取脓汁。

（2）尿液的采集：采取尿液宜在早晨进行。当动物排尿时，用洁净容器直接接取；也可以用导尿管导尿或膀胱穿刺采集。

（3）关节积液的采集：在动物肿胀的关

节部位，外表消毒后可以用注射器直接从关节囊腔抽取关节积液。死亡动物剖检，无菌打开肿胀关节，用注射器直接抽取关节积液（图2-1-8）。

（4）心包积液、胸腹腔积液的采集：死亡动物可以直接打开胸腹腔，用注射器抽取心包积液或胸腹腔积液（图2-1-9）。

（5）胆汁的采集：死亡动物剖开腹腔找到左侧肝叶，将肝脏翻起，露出胆囊，用注射器抽取胆汁（图2-1-10）。

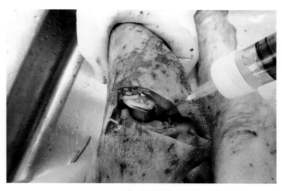

图2-1-8 猪跗关节积液采集

图2-1-9 猪心包积液采集

图2-1-10 猪胆汁采集

（6）乳汁的采集：动物乳房先用消毒液清洗消毒，然后采集乳汁。先将最初挤出的乳汁弃去，然后再采集10ml左右乳汁置于灭菌容器中。

（7）猪口液样本的采集：将长40~60cm的棉绳系在围栏上，猪只出于好奇心喜欢咀嚼棉绳（图2-1-11），等棉绳被猪咀嚼过后，用灭菌剪刀剪下被猪咀嚼过的部分放入灭菌封口袋中，挤压棉绳，使口液聚集于封口袋底部，剪破封口袋一角将口液收集到灭菌离心管内。

（8）禽咽喉与猪鼻腔黏液样本的采集：家禽一般从咽喉或泄殖腔进行采样。咽喉采样时将棉拭子插入喉头及上颚裂处来回刮3~5次［图2-1-12（a）］，取咽喉分泌物，采好样本后放入离心管即可。

猪鼻腔黏液的采集：将棉拭子插入猪鼻腔2~3cm［图2-1-12（b）］旋转数圈后沾上鼻黏液，然后将棉拭子放入离心管即可。

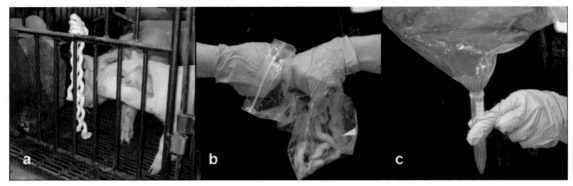

图 2-1-11 猪口液采集

（a）   图 2-1-12 棉拭子采样   （b）

（a）鸡咽喉棉拭子采样；（b）猪鼻腔黏液棉拭子采样

图 2-1-13 禽粪便采集

3. 粪便样本的采集

采集动物粪便样本最好在使用抗菌药物之前进行，用灭菌的棉拭子从直肠深处或泄殖腔黏膜上蘸取粪便（图 2-1-13），并立即放入灭菌试管内密封，贴上标签后冷藏送实验室。

4. 内脏样本的采集

（1）死亡动物内脏样本采集：采集病料前，应根据临床症状或对大体剖检的情况进行初步诊断，有选择地采取病料和内容物。如肉眼难以判定时，可全面采取病料。采样原则为：先采集实质脏器，如心、肝（图 2-1-14）、脾、肺、肾、淋巴结；后采集腔肠等脏器组织，如胃、肠、膀胱等。采样时必须无菌操作，病料应新鲜、无污染。

（2）活体采集扁桃体：用保定器将猪保定，再用开口器打开猪的上下颌，将扁桃体采样器的刀头对准上颚扁桃体呈 70°～80° 方向刺入，扣动采样器即可切下扁桃体组织（图 2-1-15）。采样时要稳、准，避免多次采样而伤害猪扁桃体。

 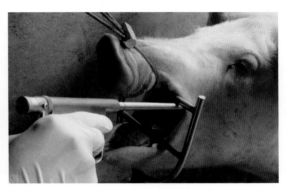

图 2-1-14　猪肝脏采集　　　　　　　　　图 2-1-15　猪扁桃体采集

5. 环境样品的采集

用无菌棉拭子采集地面、围栏、料槽、墙面或家禽、家畜新鲜粪便若干份，置于装有 2ml 左右的无菌离心管内即可。也可以用商品化运输培养基代替棉拭子采集样品（图 2-1-16）。污水采集可使用无菌容器直接从沟槽里采集，旋紧瓶盖并放在盛有冰块的保温箱内送实验室。

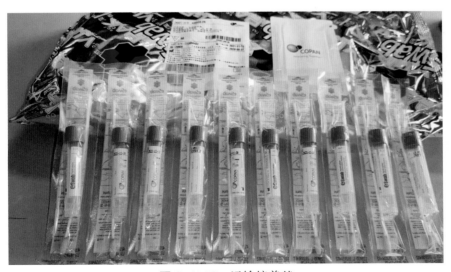

图 2-1-16　运输培养基

二、样本处理

1. 样本包装

装载样本的容器必须完整无损、密封不渗漏液体。容器可以是玻璃或塑料制品，但必须经过消毒处理后使用。根据检测样本的性状及检测目的的不同，应选择不同的容器。装入样本后必须加盖，然后用胶布或封箱带封好。如果选用塑料袋，则应用两层袋，分别用线扎好袋口，防止液体渗漏或污染样本。

每个样本应单独包装，并在样本袋外贴上标签，且标签应注明样本名称、编号、采样日期等。装棉拭子样本的塑料离心管应放在塑料盒内。血样应置于封口袋或包装袋、塑料盒内。

2. 样本保存

样本保持新鲜或接近新鲜状态是保证检测结果准确无误的重要条件。

（1）血样的保存：一般情况下，血样采集后应尽快送检。血样应避免高温和阳光直晒。如果样本不能及时送检，可以在4℃冰箱中暂时保存，但不能加入抗生素或防腐剂。

（2）微生物分离培养样本的保存：实质脏器或液体样本在短时间内保存时应放入装有冰块的保温瓶内或4℃冰箱保存，但不能冷冻保存。

3. 样本运输

原则上要求所采集的样本在短时间内送往实验室。在运输过程中，样本应盛放到密封的容器内并放入冰块。在运输过程中要避免样品泄露，防止试管和容器倾倒、破裂。如需寄送，则需用带螺口的容器装样本，垫上足够的缓冲材料，并用胶带或石蜡封口。

图 2-1-17　棉拭子接种培养基

4. 样本实验室处理

（1）血液：细菌培养时，通常用全血样本，样本中应添加抗凝剂，吸取一定量接种到专用培养瓶中用于血培养或与其他液体样本一样用接种环直接挑取样本在培养基上划线培养。

（2）棉拭子样本：接种时，用消毒过的镊子无菌取出棉拭子，将棉拭子在培养基上直接划线培养（图 2-1-17）；也可以将棉拭子接触培养基表面后再用接种环划线。

（3）内脏样本：无菌采集的内脏，用消毒镊子夹起内脏直接在培养基上划线（图 2-1-18）；如果是污染的内脏，先用烧烫的手术刀在内脏表面消毒，然后在消毒过的内脏表面用无菌医用剪刀剪开，用接种环挑取内脏接种到培养基上。

（4）口液：将采集的口液棉绳无菌挤压到灭菌容器中保存，用于接种培养基或检测病毒。

（5）粪便：粪便样本杂质较多，首先用过滤袋进行过滤，然后用过滤液接种培养基。

图 2-1-18　肝脏划线培养

第二节　细菌的培养

细菌的培养是一种用人工方法使细菌生长繁殖的技术，主要用于临床样本或培养物中单一细菌的分离，为细菌的鉴定、研究及疾病诊治等提供技术支持。

一、接种工具

常用的接种工具有接种环（含一次性）、接种针、玻璃涂棒和棉签等（图 2-2-1）。接种辅助工具有酒精灯和红外电热灭菌器（图 2-2-2），其中酒精灯不能在生物安全柜和超净工作台中使用，而红外电热灭菌器可以。

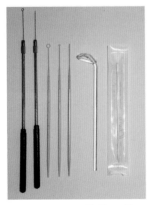

图 2-2-1　接种工具

图 2-2-2　酒精灯和红外电热灭菌器

二、培养基

培养基是指由人工配制的，供微生物、动物组织和植物组织生长繁殖或产生代谢产物用的营养物质。培养基中含有碳源、氮源、无机盐、维生素和水等。

1. 按性状分类

培养基可分为固体、液体和半固体培养基（图2-2-3）。

（1）固体培养基：在培养基中加入琼脂或明胶等凝固剂，这类培养基常用于微生物的分离鉴定、计数和菌种保存等方面。

（a）   （b）

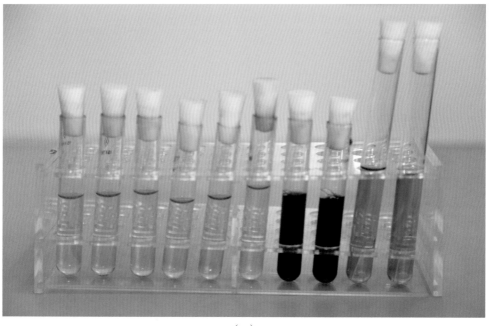

（c）

图2-2-3　培养基的种类

（a）固体培养基；（b）半固体培养基；（c）液体培养基

（2）液体培养基：这类培养基为液体，微生物能充分利用培养基中的养料。这类培养基适用于生理研究和工业发酵。

（3）半固体培养基：在液体培养基中加入少量凝固剂而呈半固体状态。可用于菌种鉴定、细菌运动的观察及噬菌体效价测定等方面。

2. 按用途分类

培养基可分为基础培养基、营养培养基、鉴别培养基和选择培养基。

（1）基础培养基：只有基础营养成分，含有一般细菌生长繁殖需要的营养物质，并且可在这种培养基的基础上添加某些成分制成其他培养基。

（2）营养培养基：在基础培养基中加入某些成分，如动物血清、酵母膏、葡萄糖或生长因子等。对营养物质要求较高的微生物需要此类培养基。

（3）鉴别培养基：是一类含有某种特定成分的培养基，某些微生物在其上面生长产生的某种代谢产物与这些特定成分能发生比较明显的反应，根据这一特征性反应可以鉴别这类微生物。

（4）选择培养基：在基础培养基中加入选择性抑制物质，这类物质可以抑制非目的微生物的生长，从而达到分离或鉴别某种微生物的目的。

三、接种方法

划线法主要是借助划线而将混杂的细菌在琼脂表面分散开，使单个细菌能固定在某一点，生长繁殖后形成单个菌落，以达到分离纯种的目的。

1. 分区划线法

此方法多用于污染较为严重的样本中的细菌分离（图 2-2-4）。将一个平板分成 4 个不同面积的区域划线，第一区面积最小，可称为菌源区；第二区和第三区为逐级稀释的过渡区；第四区是提供纯种用的关键区。在划第二区之前，应将接种环灼烧 1 次，待冷却后再划线。一般情况下，平板上 4 区面积应是第四区＞第三区、第二区＞第一区。

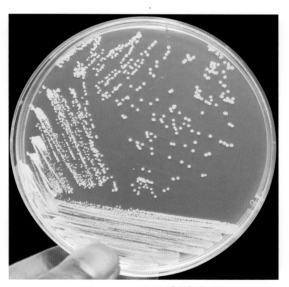

图 2-2-4　四区划线法

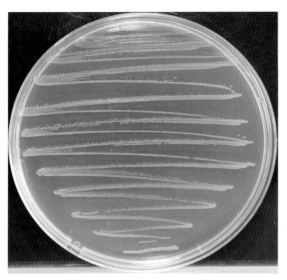

图 2-2-5　连续划线法

2. 连续划线法

该方法较分区划线法操作简单，可用于一般样本中细菌的分离培养（图 2-2-5）。但对于污染严重的样本，分离效果不如分区划线法。

当获得纯化的细菌后，常需要接种到相关的培养基中，以测试其各种生物学性状。一般可用斜面培养基、液体培养基、半固体培养基来检验细菌的培养特性。

3. 倾注平板法

此方法用于液体样本的细菌计数，适用于厌氧、兼性厌氧且对热不敏感的微生物。将样本用灭菌生理盐水稀释（10 倍的浓度梯度进行倍比稀释），吸取 1ml 稀释液加入平皿，倾注高压灭菌后并冷却至 50℃ 左右的培养基，混匀，冷却后倒置培养［图 2-2-6（a）］。

4. 涂布培养法

涂布培养法是用于活菌计数的一种培养方法，适用于需氧微生物的观察。将待测样品制成倍比稀释的稀释液后，取一定量加到培养基表面，使用涂抹棒进行均匀涂抹，倒置培养［图 2-2-6（b）］。

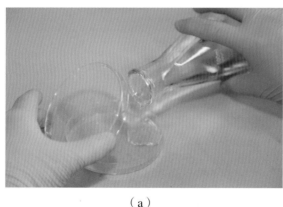
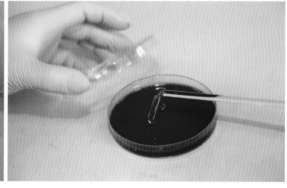

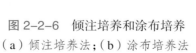

（a）　　　　　　　　　　　　　　　（b）

图 2-2-6　倾注培养和涂布培养

（a）倾注培养法；（b）涂布培养法

5. 斜面接种法

将细菌培养物划线接种于斜面培养基上的方法［图 2-2-7（a）］，用于扩增细菌、保存菌种，或用于观察细菌的某些生化特性。

（a） （b） （c）

图 2-2-7 细菌不同接种方法

（a）斜面接种；（b）液体接种；（c）穿刺接种

6. 液体接种法

将细菌培养物接种于液体培养基的方法，用于扩增细菌、观察细菌的生长特性或测定细菌的生化特性［图 2-2-7（b）］。

7. 穿刺培养法

用接种针垂直地穿入半固体培养基中心至底部，然后沿着原接种线将针拔出［图 2-2-7（c）］。用于检验细菌的运动性或观察细菌的生化反应。

四、细菌培养方法

1. 一般培养

需氧菌或兼性厌氧菌采用此方法。使用普通恒温培养箱［图 2-2-8（a）］，温度设置一般为 35 ~ 37℃，培养时间为 18 ~ 24h，一些较难生长的细菌需要培养更长的时间。此外，也有些细菌较为特殊，如李斯特菌在 4℃ 也能生长，弧菌的最适生长温度为 28 ~ 30℃。

2. CO_2 培养法

有些细菌在初次分离时须置 5% ~ 10% CO_2 环境中才能生长良好，如猪链球菌、副猪嗜血杆菌和胸膜肺炎放线杆菌等。目前常用的 CO_2 培养法有如下几种。

（1）CO_2 培养箱法：这类培养箱外接钢瓶，钢瓶内充满 CO_2，气体通过管道进入培养箱［图 2-2-8（b）］。培养箱既能调节温度，也能调节培养箱内 CO_2 的含量。

（2）烛缸法：此方法是将点燃的蜡烛放入烛缸内（图 2-2-8），在烛缸磨砂边缘涂上凡士林后盖上盖子，蜡烛由于氧气缺乏而自行熄灭，烛缸内 CO_2 的含量达到 5% ~ 10%。

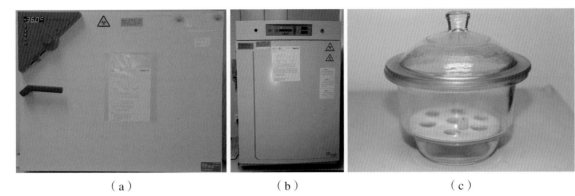

（a） （b） （c）

图 2-2-8 细菌的培养设备

（a）普通培养箱；（b）CO$_2$ 培养箱；（c）烛缸

3. 厌氧培养法

厌氧菌在有氧的情况下不能生长，必须在无氧条件下培养，如产气荚膜梭菌等厌氧菌。厌氧培养法主要包括厌氧罐法、厌氧袋法和厌氧手套箱法。

（1）厌氧罐法：将接种的平板或液体培养基放入厌氧缸内，用物理或化学的方法使缸内造成厌氧环境（图 2-2-9）。包括抽气换气和气体发生袋法。抽气换气法适用于一般实验室，将标本接种平板放入厌氧罐，用真空泵抽出罐中空气，然后充入高纯 N$_2$ 使压力真空表指针回归 0 位，反复 3 次，最后一次充入 70% 的 N$_2$、20% 的 H$_2$ 和 10% 的 CO$_2$。气体发生袋法是采用化学的方法，通过化学反应产生 CO$_2$ 和 H$_2$，最后在厌氧罐中加入指示剂和平板培养基即可进行培养。

（2）厌氧袋法：厌氧袋法是在塑料袋内造成厌氧环境进行细菌培养（图 2-2-9）。原理与气体发生袋法相同，只是用塑料袋代替了厌氧罐。该方法不需要特殊设备，操作简便，实

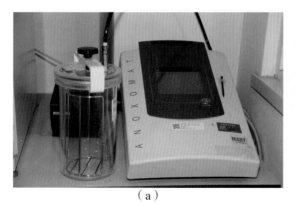

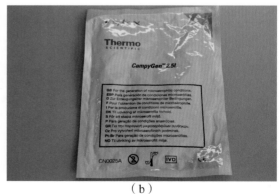

（a） （b）

图 2-2-9 厌氧培养设备

（a）厌氧培养系统及厌氧罐；（b）厌氧袋

验室或外出现场接种均可。

（3）厌氧手套箱法：厌氧手套箱法是当今公认的培养厌氧菌最佳方法之一。厌氧手套箱是一个密闭的箱体，由手套操作箱、传递箱、空气压缩机及气瓶等组成，箱体前面有一个透明面板，板上装有两个手套，可通过手套进行操作。但是，该仪器价格昂贵，且长期维持厌氧环境需要消耗大量气体，费用较高。

4. 血液培养法

血液培养法是对无菌采集的体液或败血症、菌血症等患病动物血液中的病原微生物进行培养的一种方法。目前应用较多的是全自动血液细菌培养仪（图2-2-10），包括培养系统、检测系统、外围设备和计算机。基本原理是微生物在培养过程中产生的代谢产物或消耗的营养物质与培养瓶中的感受器发生结合，信号经检测系统检测得到信号变化的参数，进而判断瓶内是否有微生物生长。

图 2-2-10 血液细菌培养仪

第三节 细菌的鉴定

一、细菌形态学检查

细菌大小 0.2～20μm，无色半透明，不能用肉眼直接观察，可通过涂片（触片、抹片）后染色改变折射率，再通过显微镜对其形态和结构进行观察。

1. 涂片（触片、抹片）的制作

（1）载玻片：选用通透、清洁、无油渍，具有良好附着性的载玻片。新买的载玻片需进行处理，滴上 2～3 滴无水乙醇溶液擦拭干净，若载玻片上存在顽固油渍可在载玻片油渍处滴 2 滴冰醋酸，用清洁纱布擦净后，在酒精灯外焰上轻拖数次。

（2）涂片（触片、抹片）：不同生物材料可采用不同的涂片（触片、抹片）方法。

① 体液（菌液）涂片：脑脊液、组织渗出液、乳汁等体液和细菌液体培养物，可直接用灭菌接种环挑取 1～2 环材料，在载玻片上均匀涂抹成直径为 1～1.5cm 大小的圆形或椭圆形涂膜，置于空气中自然干燥。菌液涂片流程详见图 2-3-1。

② 组织脏器触片：用灭菌镊子夹住组织中部，用灭菌剪刀剪取小块组织，再用镊子夹出，以组织块的新鲜切面在载玻片上均匀压印或涂成薄层，干燥。触片流程详见图 2-3-2。

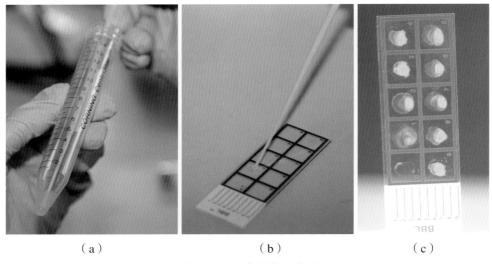

（a）　　　　　　　　　　（b）　　　　　　　　　　（c）

图 2-3-1　菌液涂片流程
（a）取样；（b）涂抹；（c）自然干燥

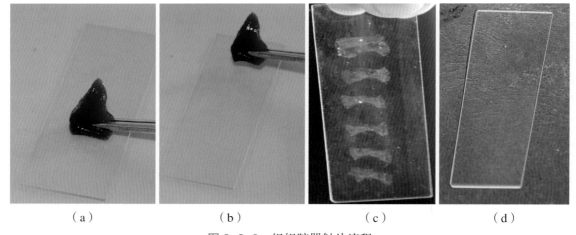

（a）　　　　　　　　（b）　　　　　　　　（c）　　　　　　　　（d）

图 2-3-2　组织脏器触片流程
（a）组织块切面均匀压印；（b）组织块切面涂成薄层；（c）压印自然干燥；（d）薄层自然干燥

③ 血液抹片：取 5～7μl 血液于载玻片的一端约 1cm 处，左手持含有血液的载玻片，右手持载玻片作为推片，将推片一端轻触血液并压在血液上，使血液呈"一"字形展开；将推片与载玻片形成 30°～45° 夹角，匀速将血液推向另一端，推成均匀的薄血膜，置于空气中自然干燥。血液抹片流程详见图 2-3-3。

④ 非液体材料涂片：对于菌落、粪便和脓汁等材料，先用接种环取 1～2 环无菌生理盐水放于载玻片上，然后将接种环在酒精灯外焰上灭菌，冷却后取少量菌落、粪便和脓汁等材

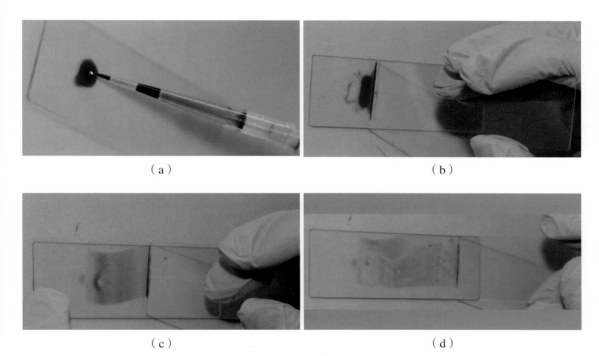

（a）　　　　　　　　　　　　　（b）

（c）　　　　　　　　　　　　　（d）

图 2-3-3　血液抹片流程
（a）取样；（b）、（c）抹片；（d）自然干燥

料在载玻片上与生理盐水混匀，均匀涂抹成直径为 1～1.5cm 大小的圆形或椭圆形涂膜，干燥。

（3）干燥：涂片（触片、抹片）最好在室温中自然干燥。必要时，可将载玻片标本面向上，在远离酒精灯火焰上方烘干。

（4）固定：固定的目的一是使菌体蛋白凝固附着在载玻片上，防止染色时被冲掉；二是提高细菌对染料的通透性；三是杀死涂片中的部分微生物。但在制备高致病性病原菌特别是芽孢病原菌涂片和染色时，要严格处理染色用过的残液和涂片，以防病原扩散。常用的固定方法有火焰固定和化学固定。

① 火焰固定法：将已干燥的载玻片背面在酒精灯的外焰上来回移动，略作加热（以不烫手为度）进行固定（图2-3-4）。

② 化学固定法：血液、组织、脏器等作姬姆萨染色或单染色时采用甲醇固定。将已干燥的涂片浸入甲醇中 2～3min，取出自然晾干；或在抹片上滴数滴甲醇，作用 2～3min 后，

图 2-3-4　火焰固定

自然挥发干燥。瑞氏染色时，染色液中的甲醇即可固定涂片。

2. 染色

用染料对细菌进行染色，在毛细、渗透、吸附和吸收等物理作用，以及离子交换和酸碱等化学作用下，因细菌的结构和化学成分不同，使细菌着色而呈现不同的染色效果。常用的细菌染色方法主要有简单染色法和复染色法等类型。

（1）简单染色法：只用一种染料进行染色的方法，称为简单染色法。如亚甲蓝染色法，即在已干燥、固定好的涂片上滴加适量的（足够覆盖涂抹点即可）亚甲蓝染色液，1～3min 水洗后干燥（用吸水纸吸干或自然干燥，不能烘干），然后镜检细菌呈蓝色。

（2）复染色法：使用两种或两种以上染料或再加媒染剂进行染色的方法，称为复染色法，又称为鉴别染色法。主要包括革兰染色法、瑞氏染色法、姬姆萨染色法和抗酸性染色法等。染色时，有的将染料先后使用，有的混合同时使用。经过复染，不同的细菌或不同的构造呈现出不同颜色，显示出细菌的特殊结构及染色特性。

① 革兰染色法：革兰染色法是微生物学中最重要、使用最广泛的染色法。经革兰染色，革兰阳性菌被染成蓝紫色，革兰阴性菌被染成红色。革兰染色的主要步骤如下（图2-3-5）。

a. 在固定好标本的玻片上，滴加草酸铵结晶紫染色液染色 1～3min，水洗；

b. 滴加革兰碘溶液于涂片上媒染 1～3min，水洗；

c. 滴加 95% 乙醇于涂片上脱色 0.5～1min，水洗；

d. 加石炭酸复红或沙黄染色液复染 0.5～1min，水洗；

e. 自然干燥或吸干后镜检。

② 抗酸染色法：有些细菌的细胞壁含有大量脂质，且包裹着肽聚糖，较难着色，可通过加热和延长染色时间等方法使其染色。分枝杆菌的分枝菌酸与染料牢固结合后，难以被酸性脱色剂脱色，故而称为抗酸染色。而齐－尼氏抗酸染色法是利用加热使分枝菌酸与石炭酸复红结合成牢固的复合物，很难脱色，再经碱性美兰复染，使分枝杆菌仍呈现红色，而其他细菌和杂物呈现蓝色。抗酸染色的主要步骤如下。

a. 在固定好标本的玻片上滴加石炭酸复红染色液，酒精灯外焰轻轻加热玻片背面约3min，以发生蒸汽为度（不能煮沸），水洗；

b. 用 3% 盐酸酒精脱色，洗脱红色，水洗；

c. 滴加碱性美兰染色液复染 1min，水洗；

d. 吸干，镜检。

③ 姬姆萨染色法：其主要步骤如下。

a. 涂片用甲醇固定、干燥后，将涂片浸入染色缸中或滴加足量的染色液，30min、1～24h 后，取出水洗；

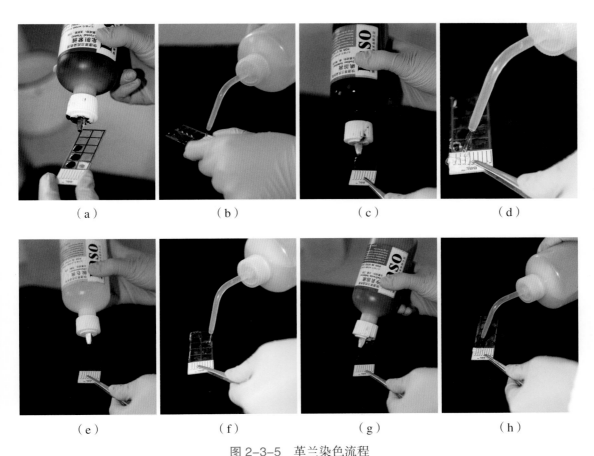

图 2-3-5 革兰染色流程

（a）初染；（c）媒染；（e）脱色；（g）复染；（b）、（d）、（f）和（h）为水洗

b. 烘干、晾干或吸干，镜检。细菌染为蓝青色，组织和细胞等其他物质染为其他颜色。

3. 光学显微镜和电子显微镜

（1）光学显微镜：普通光学显微镜以可见光（自然光或灯光）为光源，波长 0.4 ~ 0.7μm。细菌经显微镜物镜和目镜共同作用放大 1 000 倍后，达到或超过 0.2μm 的人眼可见极限，即可用肉眼观察。常用的光学显微镜有明视野显微镜、相差显微镜、荧光显微镜等，分别适用观察不同状态的细菌形态或结构。

① 明视野显微镜：明视野显微镜是最常用的显微镜，一般称为普通光学显微镜。细菌经过涂片染色，增加了反差，使用明视野显微镜可取得良好的观察效果。

② 暗视野显微镜：暗视野显微镜也叫超显微镜，其聚光镜中央有挡光片，光线不能直射入物镜，而被标本反射和衍射的光线能进入物镜，因此视野背景呈现黑色，物体的边缘光亮。利用暗视野显微镜能见到 4 ~ 200nm 的微粒子，分辨率比明视野显微镜高 50 倍，常用来观察未染色的透明样品，如苍白螺旋体等。

③ 相差显微镜：相差显微镜用环状光阑代替可变光阑、用带相板的物镜代替普通物镜，带有合轴用的望远镜。它利用光的衍射和干涉现象，通过改变光线通过细胞各部细微结构的折射率和厚度不同而产生的相位差（x 相位差），将相位差变为振幅差，常用于观察活细胞和未染色的生物标本。

（2）电子显微镜：电子显微镜简称电镜，是利用电子流代替可见光、电磁圈代替放大透镜的放大装置。电子流波长约 $0.005\mu m$、分辨率可达 0.2nm、比普通光学显微镜提高 1 000 倍。电子显微镜按其结构和用途可分为透射电镜、扫描电镜、反射电镜和发射电镜等。生物学上常用透射电镜和扫描电镜。

① 透射电镜：透射电镜利用电子束穿透样品，获得样本的投影后再放大成像。可放大 $10^4 \sim 10^5$ 倍，分辨率达 0.1 ~ 0.2nm。但电子容易散射或被物体吸收，穿透力较低，因此待检样品需制备成厚度仅为 50 ~ 100nm 的超薄切片。

② 扫描电镜：扫描电镜的电子束不穿过样品，电子束聚焦在样本局部逐行扫描样本，入射的电子使样本表面被激发次级电子，被闪烁晶体接收后放大成像，能反映样品的表面结构和样貌。

二、血清学试验

细菌血清学反应是指相应的抗原与抗体在体外一定条件下作用，可出现肉眼可见的沉淀、凝集现象。可以用标准血清检测待检细菌，也可以用标准菌株制备的抗原检测血清中的抗体。按操作方法不同，可将其分为玻片凝集试验、试管凝集试验两种。

1. 玻片凝集试验

是一种常规的定性试验方法。

（1）原理：用已知诊断血清与待检细菌混合，出现肉眼可见的凝集颗粒，常用于鉴定细菌血清型。

（2）方法：在洁净载玻片上滴 1 ~ 2 滴血清或 15μl 血清，然后取少量被检细菌与血清混匀，轻轻摇动玻片，1 ~ 2min 后观察结果。以生理盐水作对照。

（3）结果观察：1 ~ 2min 内混合悬液由均匀混浊变为澄清透明并出现大小不等的乳白色凝集颗粒，为凝集反应阳性；如果呈均匀混浊，为凝集反应阴性（图 2-3-6）。

（4）注意事项

① 实验过程必须无菌操作，接种环必须作灭菌处理，结果观察后将载玻片放入盛有

图 2-3-6　玻片凝集试验
左侧：凝集；右侧：空白对照

消毒液的指定容器内，切忌任意存放或冲洗。

② 被检细菌应纯培养，不能混有杂菌，以免影响结果。

③ 挑取细菌培养物不宜过多，与诊断血清混合时必须将细菌涂均匀，但不宜涂得太宽，以免很快干涸而影响结果观察。

④ 诊断血清应保存于 4℃冰箱中，不可冷冻。使用时应用无菌吸管或 tip 头吸取血清，以免污染和造成效价降低。诊断血清应在有效期内使用。

⑤ 建议在具有生物安全防护的操作条件下进行，以防造成感染或污染。

⑥ 某些细菌（如具有 Vi 抗原的菌株）菌体表面常有一层表面抗原，能阻止、抑制菌体抗原与诊断血清凝集，从而导致假阴性结果。此时，应将细菌悬液置于 100℃中煮沸 1h，以破坏其表面抗原，然后再进行玻片凝集试验。

2.试管凝集试验

是一种半定量试验方法，可排除玻片凝集试验的非特异性凝集。

（1）原理：抗原与不同稀释度的抗体在试管内直接结合而出现的凝集现象。

（2）方法：将诊断血清用无菌生理盐水倍比稀释成不同浓度，然后加入等量菌悬液，36℃、16 ~ 20h 后观察结果。

（3）结果观察：血清最高稀释度仍有明显凝集现象（管内液体澄清，部分凝集块沉于管底），为该菌的凝集效价（图 2-3-7）。

（4）注意事项：观察结果前切勿摇动试管，以免凝集块分散而影响结果判定。

3.自凝现象

（1）方法：在洁净的玻片上加一滴生理盐水，将被检细菌培养物与生理盐水混合成均一的混浊悬液，将玻片轻轻摇动 30 ~ 60s，在黑色背景下观察反应情况。

（2）结果观察：如菌体彼此相互凝集成明显或比较明显小颗粒状物，则被检细菌有自凝性；反之无自凝性。

图 2-3-7 试管凝集试验
左侧：凝集；右侧：阴性

三、分子鉴定技术

细菌鉴定主要有表型鉴定和基因型鉴定。表型鉴定是一种传统的细菌鉴定方法，由于许多种属之间的细菌在生理生化方面的特征相似，表型鉴定的方法已无法对其进行区分。随着分子生物学研究的不断深入，细菌分类鉴定也演变到了基因型鉴定水平，即通过对细菌DNA的鉴定来达到区分种属的目的，鉴定结果更加可靠。目前，细菌分子鉴定技术有很多，包括聚合酶链反应技术、实时荧光定量PCR、多位点序列分型、脉冲场凝胶电泳、质谱鉴定技术、液相芯片、变性高效液相色谱、指纹图谱等。

1. 聚合酶链反应（PCR）技术

PCR以拟扩增的DNA分子为模板，以一对分别与模板5′末端和3′末端互补的寡核苷酸片段为引物，在DNA聚合酶的作用下，按照半保留复制的机制沿着模板链延伸直至完成新的DNA合成。该项技术是根据细菌的某个或数个有鉴定意义的目的基因片段扩增测序结果快速鉴定待检菌，通常只有纯培养的细菌才能进行鉴定。

其操作步骤主要有DNA提取、PCR扩增、产物鉴定。细菌DNA提取方法有多种，常用为煮沸法。挑取2~3个纯培养的细菌菌落，加入50~100μl灭菌蒸馏水中，混匀，100℃煮沸10min，12 000转/min离心5min，留取上清液作为DNA模板，−20℃保存备用。

PCR反应体系常用25μl：上下游引物各1μl，模板DNA 2μl，Premix 12.5μl，灭菌蒸馏水8.5μl。PCR反应的温度和时间参数因不同细菌而不同，反应过程：预变性；变性–退火–延伸；30~35个循环；延伸。PCR产物鉴定一般用1%琼脂糖电泳，利用凝胶成像系统观察结果。

2. 实时荧光定量PCR（real-time PCR）

实时荧光定量PCR是一种在DNA扩增反应中，通过荧光信号对PCR进程进行实时检测，以荧光化学物质测每次聚合酶链式反应（PCR）循环后产物总量。由于在PCR扩增的指数时期，模板的Ct值和该模板的起始拷贝数存在线性关系，所以成为定量的依据。通过内参或者外参法对待测样品中的特定DNA序列进行定量分析。

实时荧光定量PCR比PCR灵敏度高且快速、便捷、安全，目前已有很多商品化的试剂盒广泛应用于微生物的鉴定，是分子鉴定技术的主要方法。

3. 多位点序列分型（multilocus sequence typing，MLST）

多位点序列分型技术是一种基于核酸序列测定的细菌分型方法，通过PCR扩增多个管家基因内部片段，测定其序列，分析菌株的变异。一般测定6~10个管家基因内部400~600bp的核苷酸序列，每个位点的序列根据其发现的时间顺序赋予一个等位基因编号，每一株菌的等位基因编号按照指定的顺序排列就是它的等位基因谱，即这株菌的序列型（sequence type，ST）。这样得到的每个ST均代表一组单独的核苷酸序列信息。多位点序列分型技术和脉冲场凝胶电泳两者在分辨率、重复性等方面的比较见表2-3-1。

表 2-3-1 MLST 和 PFGE 的比较

多位点序列分型（MLST）	脉冲场凝胶电泳（PFGE）
比较进化较慢的位点	比较所确定的高度变异片段，高分辨率
不同试验室间重复性好	不同试验间重复性较差
不适用于同血清型菌株间比较	不适用于进行全面的流行病学调查及生物进化分析
标准化技术	标准化技术
数据库	数据库

多位点序列分型方法的操作步骤如下。

（1）MLST 方案的设计

① 选择经过初步筛选的菌株：根据已有的分型方法和流行病学资料，选择约 100 株具有代表性的不同亚型的菌株作为分析对象。

② 管家基因的确定：选择具有独特特征的基因位点，一般选择 7 个位点进行后续试验和分析。

③ 引物的设计：一般选择目的片段长度为 400～600bp，所有引物调整为同一退火温度，以适用于大范围流行病学监测和群体研究。在实际运用中，对于已有成熟 MLST 方案的细菌，可直接从 MLST 数据库中获取方案。

（2）核酸序列信息的获取：收集病原微生物标本；基因组 DNA 的获取；PCR 扩增目的基因片段；目的片段的核酸序列测定；整合核酸序列信息。

（3）结果分析：以等位基因编号和 ST 编号为基本分析单位，提交到 MLST 分析网络服务器 START 和 eBURST；上传到 GenBank 比对服务器进行 BLAST 比对验证，直接分析核苷酸序列。

4. 脉冲场凝胶电泳（pulsed field gel electrophoresis，PFGE）

脉冲场凝胶电泳是用来分离大分子链 DNA 片段的一种方法，通过脉冲场方向、时间与电流大小交替改变完成分离大分子 DNA。将细菌包埋于琼脂块中，用适当的内切酶在原位对整个细菌染色体进行酶切，酶切片段在特定的电泳系统中通过电场方向不断交替变换及合适的脉冲时间等条件下而得到良好的分离。

脉冲场凝胶电泳可以用来分离大小从 10kb 到 10Mb 的 DNA 分子，主要用于基因组 DNA 的分离、流行病学分析、DNA 文库的构建、细菌分型等方面。其操作步骤包括：脉冲场凝胶电泳的 DNA 样品的制备、限制酶消化、应用 PFGE 对样品 DNA 进行分析、分离和纯化大的 DNA 片段。PFGE 具体操作步骤见图 2-3-8。

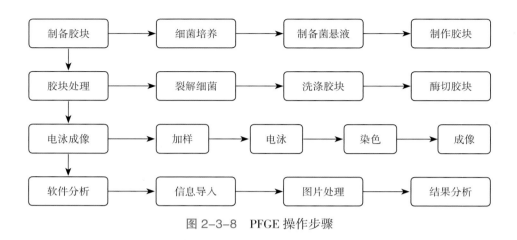

图 2-3-8　PFGE 操作步骤

（1）操作时的注意事项

① 换缓冲液时不要碰坏琼脂凝胶。

② 苯甲基磺酰氟（PMSF）操作时应在通风橱中进行，防止有毒物质挥发而造成身体伤害。

③ 用蛋白酶 K 包埋材料时，可视情况而设定 50℃温育时间。因长时间（24 ~ 48h）、50℃的温育可能造成高分子质量 DNA 降解。

④ 琼脂糖凝胶块在 TE（pH7.6）中 4℃可存放数年，如在 0.5mol/L EDTA 中可存放更长时间。

⑤ 一些高压电源带有保护电路，可以检测到负载的突然降低并且引发外加电源自动关闭，因此不适合脉冲场凝胶电泳。

⑥ 为保证脉冲场凝胶电泳保持 14℃温度，需要一些冷却设备。一定要把蠕动泵打开，以避免冷却泵管道内的溶液因为过度制冷凝结成冰块而堵塞管道。

⑦ 电泳结束后，应及时取出凝胶进行染色等操作，以避免因时间太长而造成条带的弥散。

（2）脉冲场凝胶电泳的缺点：操作比较繁琐、耗时，一次电泳至少需要 2 天时间；电泳带型易受人为等多种因素的影响，需要较高的技术水平；不能同时优化胶的每个部分的条带分布；不能确切地认为相同大小的条带就是相同的 DNA 片段；一个酶切位点的变化可能引起不止一个条带的变化；PFGE 分型技术在细菌分子生物学分型中得到了广泛的应用，但有些菌种如广泛基因重组现象的细菌用 PFGE 并不是一个适宜的分子分型工具。PFGE 电泳图谱见图 2-3-9。

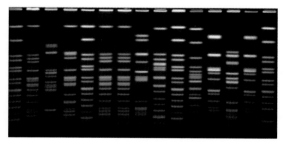

图 2-3-9　沙门菌 PFGE 电泳图谱

5. 质谱鉴定技术

微生物蛋白质谱鉴定技术是将微生物样本与等量的基质溶液混合或分别点加在样品靶盘上，溶剂挥发后形成样本与基质的共结晶；利用激光作为能量来源辐射结晶体，基质从激光中吸收能量使样本吸附，基质与样本之间发生电荷转移使得样本分子电离；样本离子在加速电场下获得相同的动能，经高压加速、聚焦后进入飞行时间质谱分析器进行质量分析，以检测到的离子峰为纵坐标、离子质荷比（m/z）为横坐标形成质量图谱，通过软件分析比较，筛选并确定出特异性指纹图谱，从而实现对目标微生物种或菌株的区分和鉴定（图 2-3-10）。将蛋白质化合物电离后，检测带电蛋白质分子的质荷比。这种分子"指纹图谱"技术可以用于对纯培养的菌落进行快速菌种鉴定。

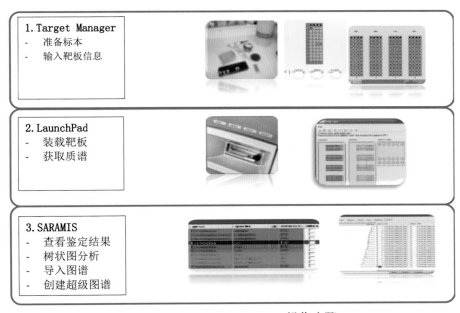

图 2-3-10　VITEK MS RUO 操作步骤

与传统的表型鉴定及分子生物学鉴定技术相比，质谱鉴定技术在速度上具有明显的优势，一般鉴定 1 个样品最快可在 1min 完成；此外还具备检测准确、通量大、成本低廉的优点。许多研究表明，MALDI-TOF MS 敏感性很高，可以区分表型相似甚至相同的菌株，提供属、种、型水平的鉴定。

6. 液相芯片

液相芯片是一种基于 xMAP（flexible multi analyte profiling）技术的新型生物芯片技术平台，它在不同荧光编码的微球上进行酶、底物、抗原、抗体、配体、受体的结合反应或者核酸的杂交反应，并通过红、绿两束激光分别检测微球的编码和报告荧光来达到定性和定量的目的（图2-3-11）。该技术是一种非常灵活的多元分析平台，已成为一种新的蛋白质组学和基因组学研究工具。研究者可使用商品化试剂盒进行分析，也可以根据研究需要自行制备探针交联微球，建立反应体系。因此，该技术可用于免疫分析、核酸研究、酶学分析、受体和配体识别分析等众多领域的研究，是最早通过美国食品与药物管理局（FDA）认证的可用于临床诊断的生物芯片技术。

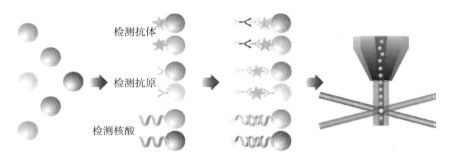

图2-3-11　液相芯片技术检测基本原理示意

7. 变性高效液相色谱

变性高效液相色谱（denaturing high-performance liquid chromatography，DHPLC）主要利用离子配对逆向层析的原理来分析核酸之间的差异。带正电荷的离子配对试剂TEAA可以与带负电荷的DNA磷酸基团在核酸非变性的条件下结合配对，并且TEAA的疏水基团可以吸附在固定相分离柱上。DNA分子越长，结合的TEAA越多，与固定相结合也就越牢固、越不易被洗脱。当双链DNA存在发生错配的异源杂合双链DNA时，其解链温度存在差异。当柱箱温度升高时，异源双链DNA由于错配区的存在更容易变性，因此将先于同源双链DNA被洗脱出来，而色谱图中将表现出双峰或者多峰的洗脱曲线。目前被广泛应用于微生物检测、点突变筛选和耐药性研究领域，成为一种新型、简单、快速的核酸分析方法。

8. 指纹图谱

RiboPrinter® System全自动微生物基因指纹鉴定系统通过功能强大的基于DNA的数据库信息，可在8h之内自动给出任何细菌株的基因指纹图谱，能够快速、准确、清晰地鉴定细菌，并在菌株水平上进行有效的、可重复的比对鉴定。

RiboPrinter® System可鉴定和鉴别环境分离物、致病菌、有害生物体、质控菌株、有益生物体，以及任何对制药、个人护理和食品安全工业重要的微生物。

第四节　抗菌药物敏感性试验

抗菌药物敏感性试验（药敏试验），是指在体外测定抗菌药物杀菌或抑菌能力的试验。抗菌药在细菌性疾病的传播控制和治疗领域起到了非常重要的作用。然而，不同细菌对不同抗菌药物的敏感性往往不尽相同，即使同一种细菌的不同菌株对抗菌药物的敏感性也存在差异，这就使得在临床用药时难以把握合适的用量，加之药物耐药性的影响，使准确获得细菌对不同药物的敏感性显得更为重要。

纸片扩散法和微量肉汤稀释法是实验室最为常见的药敏试验操作方法。

一、纸片扩散法

纸片扩散法是在已经接种测试菌的琼脂表面贴上含有定量抗菌药物的滤纸片，纸片中的药物在琼脂中扩散，并以纸片为中心形成一定的浓度梯度，因此，测试菌株会在纸片周围形成不同大小的透明抑菌圈，抑菌圈的大小可以直接反映测试菌对药物的敏感程度。该方法操作简便，对实验室及操作人员要求不高，因此该法是兽医临床上最常用的药敏试验检测方法之一。其具体操作步骤见图 2-4-1。

1. 材料准备

待测细菌、MH 琼脂平板、无菌生理盐水、药敏试纸、酒精灯、无菌棉签、微量移液器、弯头眼科镊等。

2. 涂布测试菌株

用无菌棉签挑取 3～5 个菌落浸入无菌生理盐水中制备成菌悬液。用棉拭子蘸取菌悬液后在试管上壁轻轻挤压以挤去过多的菌液，含菌液的棉拭子在琼脂表面均匀涂抹，琼脂平板每次转 60°，最后沿平板内缘涂抹一周，使菌液均匀涂满整个平皿。

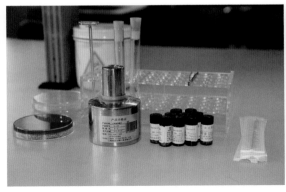

（a）

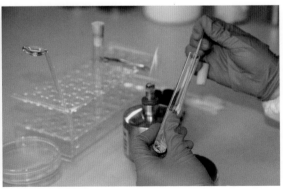

（b）

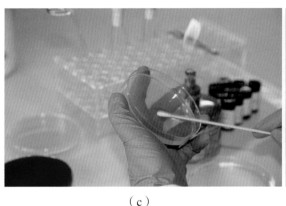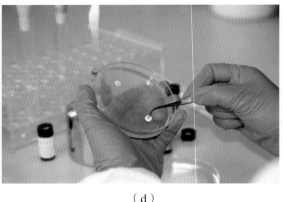

（c）　　　　　　　　　　　　（d）

图2-4-1　纸片扩散法药敏试验操作流程

（a）材料准备；（b）制备菌悬液；（c）涂布菌液；（d）贴药敏纸片

图2-4-2　药敏纸片贴布示意

3. 贴药敏纸片

镊子经酒精灯火焰灭菌并略停数秒冷却后，夹取药敏纸片贴到涂布菌液的培养基表面。用镊子轻按几下药敏片，使药敏片与培养基紧密相贴。药敏纸片间应留有适当的空间，并尽可能有规律地分布，通常一块平皿可同时贴5～6片药敏纸片（图2-4-2）。

4. 细菌培养及结果判定

将平皿倒置于37℃恒温培养箱中培养12～24h，培养后通常会形成一个抑菌圈，若无抑菌圈，则表示该菌对此药耐药［图2-4-3（a）］。可用游标卡尺测量抑菌圈大小［图2-4-3（b）］，并记录结果。抑菌圈的大小与药物敏感性呈正相关，即抑菌圈越大则说明该菌对此药敏感性越高，反之敏感性越低。

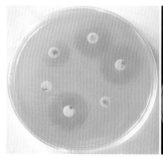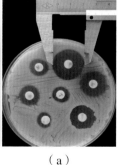

（a）　　　　　　　　　　（a）

图2-4-3　纸片法药敏结果判定示意

（a）药敏结果示意；

（b）用游标卡尺测量抑菌圈直径

二、微量肉汤稀释法

肉汤稀释法药敏试验是通过将抗菌药物经一定浓度的倍比稀释后，将待测试细菌与不同浓度梯度的药物共同孵育，能抑制待测菌肉眼可见生长的最低药物浓度记作最小抑菌浓度（MIC）。本法具体操作步骤如下。

1. 材料准备

待测细菌、MH 肉汤、抗生素粉末、灭菌生理盐水、无菌试管、无菌棉拭子、比浊仪、8 孔道微量移液器、96 孔细胞培养皿等（图 2-4-4）。

2. 抗菌药物的制备

根据 NCCLS 抗菌药物敏感性操作标准推荐的药物浓度范围制备抗菌药物［图 2-4-5（a）］。用分析天平精确称量药品粉末，按照计算，加入定量的灭菌生理盐水稀释至指定浓度，并按照浓度梯度，每孔 10μl 依次加入 96

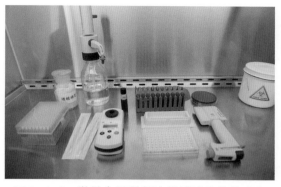

图 2-4-4　微量肉汤稀释法药敏试验物品准备

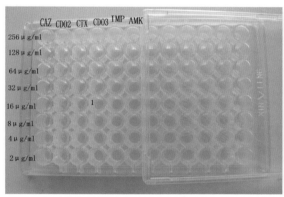

（a）

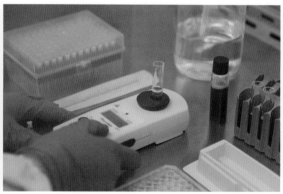

（b）

（c）

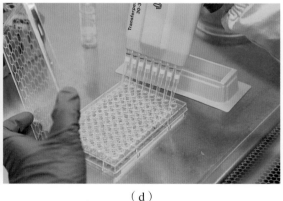

（d）

图 2-4-5　微量肉汤法药敏试验操作流程

（a）制备抗菌药物测试板；（b）制备菌悬液；（c）菌液加入培养基，混匀；
（d）向 96 孔药敏板中加入菌悬液

孔培养皿中，并且每种药物最后预留一孔空白对照。制备的抗菌药物应现配现用，防止因药物降解而影响实际药物浓度。

3. 接种物制备

用棉签蘸取菌落于灭菌蒸馏水中混匀，使其达到0.5麦氏比浊标准［图2-4-5（b）］。取100μl菌液加入至100ml的MH肉汤中，充分混匀［图2-4-5（c）］。

4. 接种培养

向加入药物的孔中加入菌液，每孔加入100μl［图2-4-5（d）］。向空白孔中加100μl菌液作为阳性对照。接种后放入湿盒，并置于36℃恒温培养箱中培养16～24h。

5. 结果判定

在阳性对照成立的情况下，根据不同药物浓度小孔内的细菌生长情况，以小孔内完全抑制细菌生长的最低药物浓度为MIC（图2-4-6）。当微量肉汤稀释法出现单一跳孔时，应记录抑制细菌生长的最高药物浓度；如出现多处跳孔，则应重复试验。

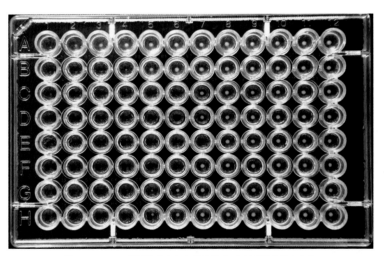

图2-4-6　微量肉汤法药敏试验结果读取示意

第五节　菌种保存与复苏技术

菌种保存技术是通过降低基质含水量、降低培养基营养成分、利用低温、降低氧分压等方法抑制细菌的新陈代谢，使其处于休眠或半休眠状态，以显著延缓菌种的衰老速度，降低发生变异的机会，从而使菌种存活并保持良好的遗传性状。菌种的复苏即菌种的活化，是将保藏状态的菌种接种到适宜的培养基，使其重新获得优良的生长活性和数量。

　　低温、干燥和隔绝氧气是目前降低细菌代谢能力的主要手段，所以菌种保存方法主要从这三个方面来设计。

　　常用的菌种保存方法大致可分为以下几种。

1. 冷冻干燥

　　（1）原理：利用微生物细胞在冷冻、减压条件下发生升华脱水，细胞的生理活动趋于停止，得以长期维持存活状态；加水后又能迅速溶解，几乎可以立即恢复原来的性状。

　　（2）操作：具体的操作流程见图 2-5-1。

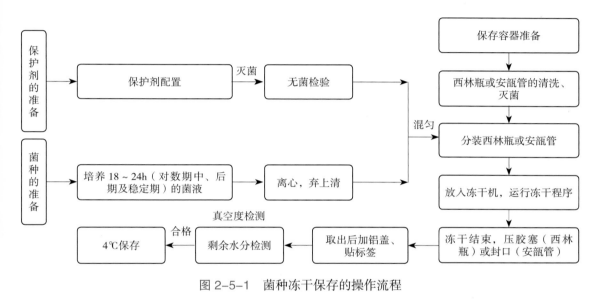

图 2-5-1　菌种冻干保存的操作流程

　　① 容器的选择：冻干采用的容器主要是安瓿瓶和玻璃瓶，实验室使用西林瓶保存操作更为方便。

　　② 冻干保护剂的选择：国内常用的保护剂主要为牛奶、蔗糖、明胶等。常用冻干保护剂的共熔点见表 2-5-1。

　　③ 菌液的制备和分装：通常采用培养 18～24h 的菌液，经离心、弃上清、加入保护剂混悬，也可用保护剂直接从固体培养基表面洗下菌落获得菌悬液，分装西林瓶、半盖胶塞后放入冻干机（图 2-5-2）。

　　④ 冻干机的操作：制定冻干曲线并设置冻干参数，包括预冻的温度和时间（有些冻干机可设置预冻速率），第一阶段升华干燥的温度、真空度和时间，第二阶段升华干燥的温度、真空度和时间，运行程序，结束后在真空状态下压胶塞（图 2-5-3）。

　　⑤ 真空度测定：使用疫苗真空检测仪进行测定，出现白色或紫色辉光的为合格（图 2-5-4）。

表 2-5-1　常用冻干保护剂的共熔点

物　　质	共熔点（℃）	物　　质	共熔点（℃）
0.85% NaCl 溶液	−22	2% 明胶、10% 蔗糖溶液	−19
10% 蔗糖溶液	−26	10% 蔗糖溶液、10% 葡萄糖溶液、0.85% NaCl 溶液	−36
40% 蔗糖溶液	−33	脱脂牛奶	−26
10% 葡萄糖溶液	−27	马血清	−35
2% 明胶、10% 葡萄糖溶液	−32		

注：引自王明俊等主编，兽医生物制品学。

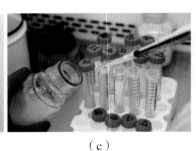

（a）　　　　　　　　　　（b）　　　　　　　　　　（c）

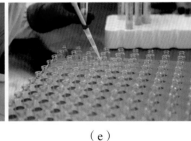
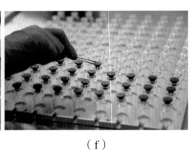

（d）　　　　　　　　　　（e）　　　　　　　　　　（f）

图 2-5-2　菌液的制备和分装

（a）菌悬液离心；（b）弃上清，取沉淀物；（c）加入适量保护剂；（d）混匀；
（e）取 0.5ml 分装入西林瓶内；（f）半盖胶塞

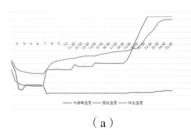
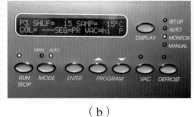

（a）　　　　　　　　　　（b）　　　　　　　　　　（c）

图 2-5-3　冻干机的操作

（a）制定冻干曲线；（b）设置冻干机参数并运行；（c）运行结束后压胶塞

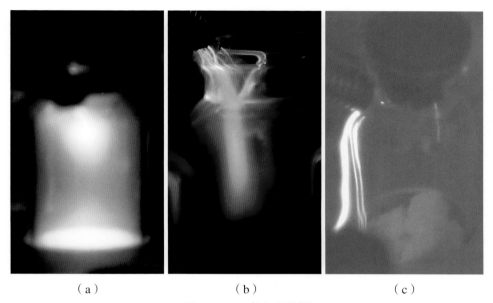

（a） （b） （c）

图 2-5-4 真空度检测

（a）白色辉光；（b）紫色辉光；（c）不合格

⑥ 剩余水分的测定：多采用真空烘干法测定剩余水分（图 2-5-5）。使用快速水分测定仪则可大大提高其检测效率。

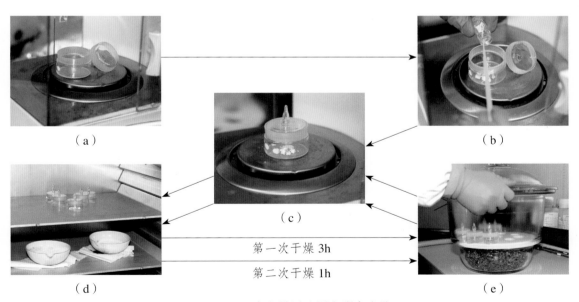

（a）

（b）

（c）

第一次干燥 3h

第二次干燥 1h

（d）

（e）

图 2-5-5 真空烘干法测定剩余水分

（a）空称量瓶 150℃烘烤 2h，冷却后称重；（b）迅速将冻干产品倒入称量瓶；（c）称重；

（d）60～70℃真空干燥；（e）移入有 $CaCl_2$ 的干燥罐中冷却至室温

$$含水量（\%）= \frac{样品干前重 - 干后重}{干前重} \times 100\%$$

含水量不应超过 4%。最终获得产品为奶片状的疏松固体物，经加铝盖贴标签后，在 2~8℃条件下即可长期保存（图 2-5-6）。

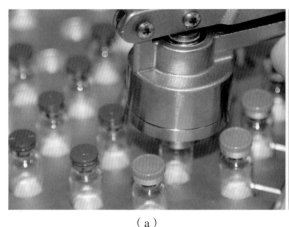 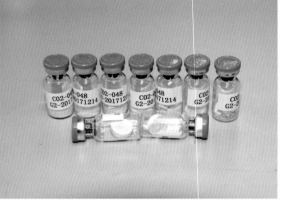

（a） （b）

图 2-5-6　冻干菌株封口和标记

（a）压盖；（b）标记

（3）适用：适用于大多数细菌、病毒、噬菌体、部分丝状真菌、酵母菌等的保存。

（4）保存周期：不同微生物的保存周期有所差异，通常可保存 10 年左右甚至更长。

（5）复苏：吸取适量稀释液（如无菌生理盐水或培养液）加入冻干瓶中进行复水，使冻干样品溶解，然后将溶解液分别接种到液体培养基和固体培养基（图 2-5-7）中进行培养。

2. 低温保存

（1）液氮超低温保存

① 原理：微生物在 -130℃以下新陈代谢趋于停止，可以长期、有效保存。

② 操作：将细菌加入含有冻存保护剂（如 10%~20% 甘油、5%~10% 的二甲基亚砜等）的冻存管中混匀，经程控降温后，放置于液氮罐中保存（一般液相 -196℃，气相 -150℃）（图 2-5-8）。

③ 适用：各类微生物。

④ 保存周期：一般为 10 年以上。

⑤ 复苏：从液氮中取出冻存管，立即投入 37℃恒温水浴锅中迅速晃动，直至完全溶解。由于许多冷冻保护剂在常温下对细胞有害，故在复温后应及时接种培养。

（2）-80℃低温保存

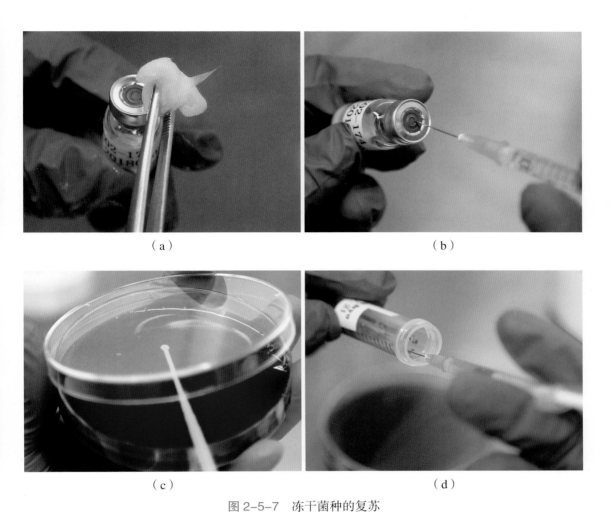

（a）　　　　　　　　　　　　　　（b）

（c）　　　　　　　　　　　　　　（d）

图 2-5-7　冻干菌种的复苏

（a）打开塑料盖，消毒瓶口；（b）注入适量稀释液；（c）划线接种；（d）剩余菌液移种液体培养基

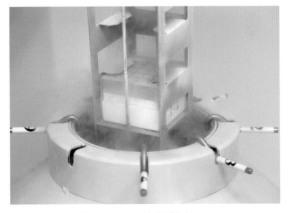

图 2-5-8　液氮保存

① 原理：利用低温条件可减缓微生物的新陈代谢，以达到有效的保存。

② 操作：操作基本与液氮保存相同，只是将冻存管放置于 -80℃冰箱中保存，除加入冻存保护剂外，还可将菌种吸附在一些载体上进行保存（图 2-5-9）。

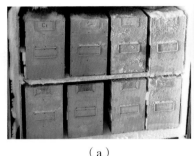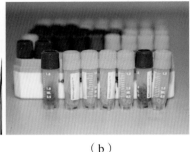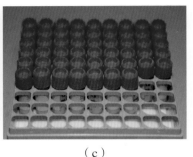

（a） （b） （c）

图 2-5-9 -80℃低温保存

（a）-80℃冰箱内冻存盒架；（b）菌种管（瓷珠）；（c）菌种管（甘油肉汤）

a. 加入冻存保护剂，可避免或减少因冰晶产生和渗透压变化造成的细胞损伤，常用甘油和二甲基亚砜。适用于各类微生物，保存周期一般为 1～2 年。

b. 瓷珠为类似活性炭的多孔结构，吸附细菌后将液体移除，可有效减少冰晶和渗透压的影响。适用于各类微生物，可保存 1～10 年。

c. 滤纸吸附。将灭菌滤纸条浸入菌悬液内，取出后放入无菌容器中（常用安瓿管，也可用玻璃瓶、离心管等），经真空干燥后低温保存。适用于营养要求不高的细菌、酵母菌、丝状真菌的保存，但不适用于苛养菌的保存。细菌、酵母菌可保存 2 年左右，有些丝状真菌甚至可保存 14 年之久。

图 2-5-10 半固体培养基穿刺保存

3. 定期移植保存

2～8℃冷藏条件下保存可减缓微生物菌种的代谢活动，抑制其繁殖速度。保存培养基一般含较多有机氮而糖分总量不超过 2%，这样既能满足菌种培养时生长繁殖的需要，又可防止因产酸过多而影响菌株的保存。此法同日常的传代没有本质区别，只是频次不同。

（1）半固体培养基保存

① 操作：用接种针挑取单菌落在半固体培养基上穿刺接种，经培养生长后，置试管架上于 2～8℃保存，见图 2-5-10。

② 适用：大多数细菌和真菌。

③ 保存周期：细菌传代每月 1 次，霉菌、放线菌及有芽孢的细菌传代每 2～4 月 1 次。经液体石蜡封存，一般无芽孢细菌也可保存 1 年左右，霉菌、放线菌、芽孢杆菌可保存 2 年以上，酵母菌可保存 1～2 年。

（2）斜面培养保存

① 操作：用接种环挑取单菌落在琼脂斜面上划线接种，经培养生长后，置试管架上于 2～8℃保存（图 2-5-11）。

② 适用：大多数细菌和真菌。

③ 保存周期：细菌传代每月 1 次，霉菌、放线菌及有芽孢的细菌传代每 2～4 月 1 次。

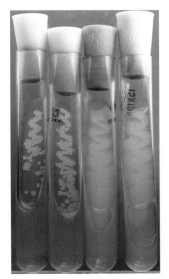

图 2-5-11　斜面培养保存

第三章

革兰阳性球菌

革兰阳性球菌是一群需氧、微需氧、专性需氧、兼性厌氧的细菌。在自然界分布广泛，大多数为条件致病菌，种类较多，可根据溶血、形态染色和触酶试验进行初步鉴定。

常规分离的需氧革兰阳性球菌（葡萄球菌、链球菌和肠球菌等）可以通过一些表型试验如凝固酶试验、菌落形态和染色特征等进行鉴定（图3-0-1），但也可能导致误判，需结合分子生物学等其他方法进行验证。

第一节　链球菌属（*Streptococcus*）

链球菌属是革兰阳性球菌，种类多，在自然界分布甚广，有些能引起人及多种动物发病，导致化脓、肺炎、乳腺炎、败血症等病症。与兽医学有关的链球菌有无乳链球菌（*S. agalactiae*）、停乳链球菌（*S. dysgalactiae*）、酿脓链球菌（*S. pyogenes*）、肺炎链球菌（*S. pneumoniae*）、马链球菌兽疫亚种（*S. equi* ssp. *zooepidimicus*）、猪链球菌（*S. suis*）等。其中，猪链球菌2型可引起猪脑膜炎、败血症、脓肿等；本菌也可感染人，引起脑膜炎、感染性休克，严重时可导致人死亡。

猪链球菌（*S. suis*）

1. 形态染色

革兰阳性，圆形或椭圆形，单个或双个，少数呈短链状排列。陈旧培养物可能呈革兰阴性，在液体培养基中以链状为主，能形成荚膜，无芽孢（图3-1-1）。

2. 培养特性

多数兼性厌氧，最适pH为7.4~7.6，最适培养温度为36℃。营养要求丰富，接种在哥伦比亚（TSA、脑心浸液琼脂）血平板上36℃培养24h，形成细小、圆形微凸、表面光滑而湿润的灰白色菌落，菌落直径1~2μm。α或β溶血，有的为α溶血，但延时培养后则变

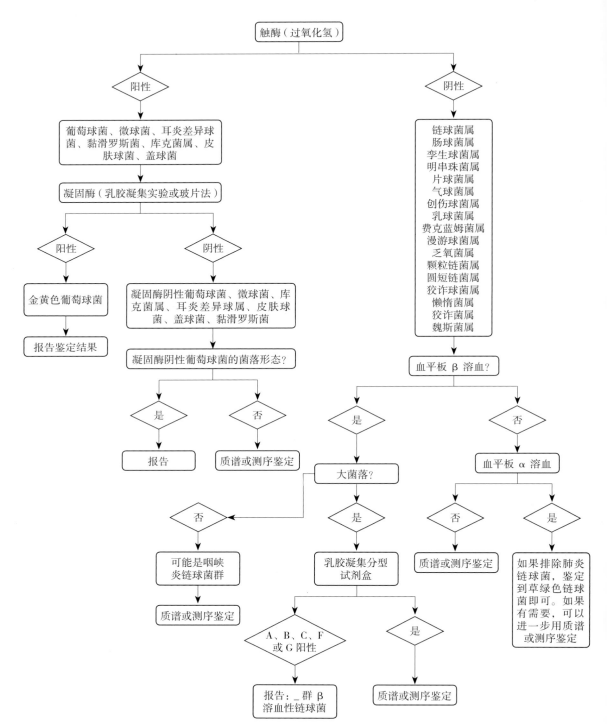

图 3-0-1　革兰氏阳性球菌（兼性厌氧菌和专性需氧菌）的鉴定思路

（引自《临床微生物学诊断方法与应用》，Nader Rifai、Carey-Ann Burnham、Andrea Rita Horvath 主编；
汤一苇、潘柏申主译，上海科学技术出版社，2022 年 1 月）

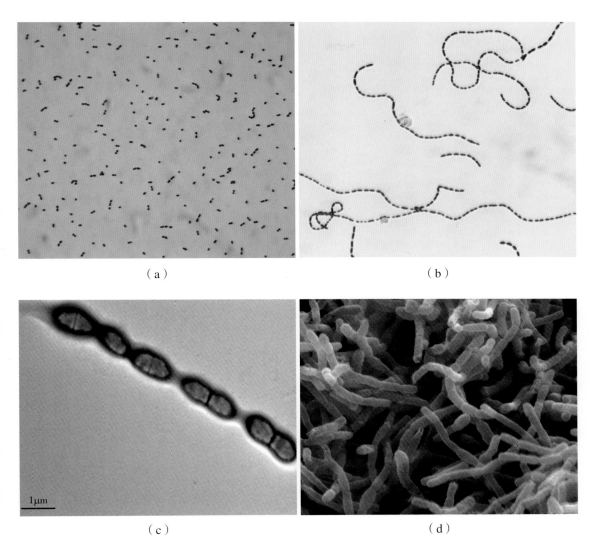

（a）   （b）

（c）   （d）

图 3-1-1　猪链球菌镜检形态
（a）革兰染色（血平板培养）；（b）革兰染色（BHI 液体培养）；
（c）透射电镜；（d）扫描电镜

为 β 溶血 [图 3-1-2]。猪链球菌 2 型在绵羊血平板上呈 α 溶血，而在马血平板上则为 β 溶血。在 BHI、TSB、马丁肉汤（添加动物血清）等液体培养基培养，肉汤混浊。

3. 生化反应

触酶阴性，七叶苷、精氨酸双水解酶、淀粉水解试验阳性，不分解甘露醇，V-P、马尿酸钠试验阴性，10℃、45℃、6.5% NaCl、pH 9.6 肉汤中均不生长。生化特性详见表 3-1-1。

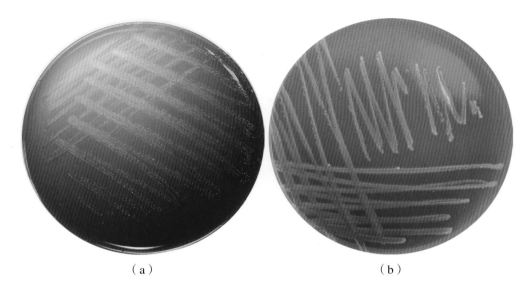

（a）   （b）

图 3-1-2 猪链球菌在血平板上菌落特征

（a）α 溶血；（b）β 溶血

表 3-1-1 链球菌属主要病原性链球菌的特性

菌　　种	兰氏分群	七叶苷	乳糖	菊糖	蜜三糖	海藻糖	水杨苷	山梨醇	马尿酸钠	甘露醇	6.5%NaCl生长
无乳链球菌 S. agalactiae	B	−	+	−	−	+	(+)	−	+	−	−
牛链球菌 S. bovis	D	+	+	+	+	d	+	−	−	d	−
犬链球菌 S. canis	G	d	(+)	−	−	(+)					
停乳链球菌 S. dysgalactiae	C	−	+	−	−	+	−	−	−	−	−
停乳链球菌类马亚种 S. dysgalactiae ssp. equisimilis	C	−	d	−	−	+	(+)	−	−	−	−
马链球菌马亚种 S. equi ssp. equi	C	−	−	−	−	−	+	−	−	−	−
马链球菌兽疫亚种 S. equi ssp. zooepidemicus	C	−	+	−	−	−	+	+	−	−	−
类马链球菌 S. equinus	D	+	−	+	+	d	(+)	−	−	−	−
肺炎链球菌 S. pneumoniae	−	(+)	+	+	+	+	d	−	−	−	−
化脓链球菌 S. pyogenes	A	−	+	−	−	+	+	−	−	d	−

（续表）

菌　　种	兰氏分群	七叶苷	乳糖	菊糖	蜜三糖	海藻糖	水杨苷	山梨醇	马尿酸钠	甘露醇	6.5%NaCl生长
猪链球菌 *S. suis*	R.S	d	+	（+）	（+）	+	+	-	-	-	-
乳房链球菌 *S. uberis*	-	+	+	+	-	+	+	+	+	+	（+）

注：+，阳性反应；-，阴性反应；（+），反应缓慢；d，阳性或阴性因菌株而不同。

4. 分离鉴定

（1）猪链球菌分离鉴定流程：扁桃体、鼻腔拭子可接种到选择性 THB 增菌液试管中，36℃培养 24～48h 后再划线接种到血平板上。猪链球菌在血平板上形成 α 或 β 溶血、圆形的小菌落，革兰阳性，短链；触酶试验阴性，不分解甘露醇，纯培养细菌可以进一步用商品化细菌鉴定试剂盒进行鉴定。具体流程见图 3-1-3。

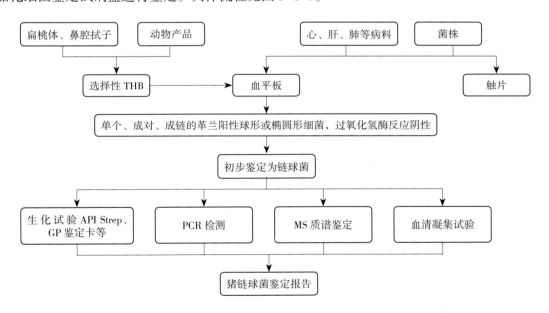

图 3-1-3　猪链球菌分离鉴定流程

（2）猪链球菌与其他细菌鉴别：主要有以下几种。

① 猪链球菌与肠球菌鉴别：猪链球菌在 45℃、6.5% NaCl、pH9.6 肉汤中均不生长，而肠球菌均生长。

② 猪链球菌与葡萄球菌鉴别：猪链球菌触酶试验阴性，6.5% NaCl 培养基不能生长；葡萄球菌触酶试验阳性，6.5% NaCl 培养基能生长。

③ 猪链球菌与马链球菌兽疫亚种鉴别：按兰氏分群，猪链球菌为 R 群，马链球菌兽疫亚种为 C 群。按菌落形态分，猪链球菌为光滑、圆形的小菌落，短链；马链球菌兽疫亚种为黏液的露滴状菌落，长链。按溶血性分，猪链球菌为 α 溶血或 β 溶血，β 溶血不明显；马链球菌兽疫亚种在血平板上为明显的 β 溶血。

（3）猪链球菌血清型鉴定：猪链球菌根据荚膜抗原的不同分为33 个血清型（1～31、33 及 1/2）及相当数量无法定型的菌株（non-typeable strains，NT），其中 1、2、7、9 型为猪的致病菌。血清凝集或协同凝集是当前鉴定猪链球菌各血清型的经典方法。将待检菌落接种 THB 肉汤，于 36℃培养 18h ± 2h，取 1.5ml 培养物经 10 000r/min 离心 3min，弃上清，加 100μl 生理盐水将沉淀悬浮，取 25μl 菌体悬液分别与猪链球菌标准血清和生理盐水进行玻片凝集试验，同时设阳性对照，生理盐水对照不凝集、阳性菌株凝集，试验成立。

（4）PCR 检测

① 对病料分离的纯培养物可进行猪链球菌、猪链球菌 1、2、7、9 型、猪链球菌毒力因子和猪链球菌 MLST PCR（分子分型）检测，可用煮沸法提取细菌 DNA，引物序列和退火温度见表 3-1-2 ～表 3-1-4。

表 3-1-2   猪链球菌 1、2、7、9 型和通用 PCR 引物序列

名　称	引　物	引物序列（5′—3′）	退火温度（℃）	片段大小（bp）
猪链球菌 1 型	Cps1I	P1: GAAAATAATGTTTGGTGC	44	180
		P2: CGAACTGTTACGAATGAC		
猪链球菌 2 型	Cps2J	P1: GTTCTTCAGATTCATCAACGGAT	56	387
		P2: TATAAAGTTTGCAACAAGGGCTA		
猪链球菌 7 型	Cps7I	P1: AGCTCTAACACGAAATAAGGC	56	252
		P2: GTCAAACACCCTGGATAGCCG		
猪链球菌 9 型	CPS9	P1: TTGGATTCATGGGTTGTC	48	242
		P2: TCCGAAGTATCTGGGCTA		
猪链球菌（通用、二重 PCR）	谷氨酸脱氢酶（gdh）	P1: CCATGGACAGATAAAGATGG	56	688
		P2: GCAGCGTATTCTGTCAAACG		
	16s rRNA	P1: CAGTATTTACCGCATGGTAGATAT		328
		P2: GTAAGATACCGTCAAGTGAGAA		

表 3-1-3 猪链球菌毒力因子 PCR 引物序列

名　称	引物序列（5'—3'）	退火温度（℃）	片段大小（bp）
mrp	P1：CAGATGTGGACCGTAGACC	56	316
	P2：GGATAATCACCAGCAGGAA		
orf2	P1：CAAGTGTATGTGGATGGG	56	858
	P2：ATCCAGTTGACA CGTGCA		
fbps	P1：CCATCTTGCCAGGCTCCAC	56	1 310
	P2：ACCAACGCTTCCCAGTCC		
gdh	P1：CCATGGACAGATAAAGATGG	56	688
	P2：GCAGCGTATTCTGTCAAACG		
gapdh	P1：CGC CGCGGATCCGTAGTTAAAGTTGGTATTAAC	52	1 040
	P2：GGCGCCGAATTCGTCGACATTATTTAGCAATTTTTGCG		
sly	P1：GTGAAAACATGAAAGGATAAA	52	1 524
	P2：CCAGATTACTCTATCACCTCA		
epf	P1：AAGCTACGACGGCCTCAGAAA	52	627
	P2：GGATCAACCACTGGTGTTACT		

表 3-1-4 猪链球菌 MLST PCR 引物序列

名　称	引物序列（5'—3'）	退火温度（℃）	片段大小（bp）
aroA	P1：TTCCATGTGCTTGAGTCGCTA	55	482
	P2：ACGTGACCTACCTCCGTTGAC		
cpn	P1：TTGAAAAACGTRACKGCAGGTGC	63	466
	P2：ACGTTGAAIGTACCACGAATC		
dpr	P1：CGTCTTTCAGCCCGCGTCCA	60	434
	P2：GACCAAGTTCTGCCTGCAGC		
gki	P1：GGAGCCTATAACCTCAACTGG	63	480
	P2：AAGAACGATGTAGGCAGGA		

（续表）

名　称	引物序列（5′—3′）	退火温度（℃）	片段大小（bp）
mut	P1：CGCAGAGCAGATGGAAGATCC	45	526
	P2：CCCATAGCTGTTTTGGTTTCATC		
recA	P1：TATGATGAGTCAGGCCATG	50	398
	P2：CGCTTAGCATTTTCAGAACC		
thrA	P1：GATTCAGAACGTCGCTTTGT	52	523
	P2：AAGTTTTCATAGAGGTCAGC		

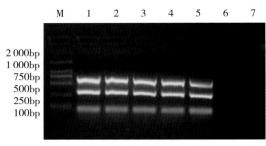

图 3-1-4　猪链球菌通用 PCR 电泳图谱

② 猪链球菌通用扩增体系：premix 12.5μl，ddH₂O 8.5μl，引物各 0.5μl，模板 2μl。扩增条件为：94℃预热 5min；94℃ 30s，56℃ 30s，72℃ 1min，扩增 30 个循环；72℃ 延伸 10min（图 3-1-4）。

③ 猪链球菌 1、2、7、9 型扩增体系：premix 12.5μl，ddH₂O 8.5μl，引物各 1μl，模板 2μl。扩增条件为：94℃预热 5min；94℃ 30s，各自退火温度 30s，72℃ 1min，扩增 30 个循环；72℃延伸 10min。

④ 猪链球菌 7 个毒力因子扩增体系：可分为以下两个扩增体系。

a. 扩增体系 1（*fbps*、gdh、*orf* 2 和 *mrp*）：premix 12.5μl，引物 *fbps* 0.6μl、*gdh* 0.7μl、*orf* 2 1.2μl、*mrp* 0.2μl 各 1μl，模板 3μl，用 ddH₂O 调整终体积至 25μl。扩增条件为：94℃预热 5min；94℃ 30s，56℃ 30s，72℃ 1min，扩增 40 个循环；72℃延伸 10min。

b. 扩增体系 2（*sly*、*gapdh*、*epf*）：premix 12.5μl，引物 *sly*、*gapdh* 各 0.7μl，*epf* 0.2μl，DNA 模板 3μl，用 ddH₂O 调整终体积至 25μl。扩增条件：94℃预热 5min，94℃ 30s，52℃ 30s，72℃ 1min，扩增 40 个循环；72℃延伸 10min。

⑤ 猪链球菌 MLST 扩增体系：premix 12.5μl，ddH₂O 8.5μl，引物各 0.5μl，模板 2μl。扩增条件：94℃预热 3min；94℃ 30s，退火温度 30s，72℃ 30s，30 个循环；72℃延伸 10min。具体见图 3-1-5。

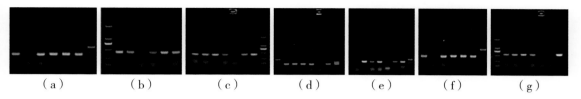

图 3-1-5 猪链球菌 MLST PCR 电泳图谱

（a）*aro*A 基因；（b）*cpn* 基因；（c）*dpr* 基因；（d）*gki* 基因；
（e）*mut*S 基因；（f）*rec*A 基因；（g）*thr*A 基因

马链球菌兽疫亚种（*S. equi* ssp. *zooepidemicus*）

本菌以前命名为兽疫链球菌，通常存在于扁桃体、呼吸道、皮肤及生殖道，导致不同家畜的炎症和败血症。

1. 形态染色

革兰阳性球菌，常形成长链，少数呈短链状排列（图 3-1-5）。

2. 培养特性

多数兼性厌氧，适温 36℃，最适 pH 为 7.4～7.6。要求营养丰富，需在培养基上添加 5%～10% 的血液或血清，在血平板上形成透明、隆起、有黏液的露滴状菌落，可见明显的 β 型溶血（图 3-1-6）。血清肉汤培养，轻度混浊，继而变清，于管底形成沉淀。

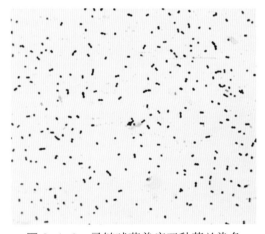

图 3-1-6 马链球菌兽疫亚种革兰染色

图 3-1-7 马链球菌兽疫亚种在血平板上菌落特征

3. 生化反应

触酶阴性，乳糖、山梨醇、水杨苷试验阳性，不分解甘露醇、海藻糖、V-P、马尿酸钠试验阴性，10℃、45℃、6.5% NaCl、pH9.6 肉汤中均不生长。

4. 分离鉴定

（1）马链球菌兽疫亚种分离鉴定。病料直接接种到血平板上，36℃培养 24～48h，马链球菌兽疫亚种在血平板上形成黏液的露滴状菌落，可见明显的 β 型溶血，革兰阳性球菌。纯培养细菌可选择进行生化试验，马链球菌兽疫亚种发酵山梨醇而不发酵海藻糖，也可用商品化细菌鉴定试剂盒进行鉴定。

（2）马链球菌兽疫亚种与猪链球菌鉴别见猪链球菌。

第二节　葡萄球菌属（*Staphylococcus*）

葡萄球菌属细菌是一类触酶试验阳性，无动力、无芽孢、呈单、双、短链或无规则葡萄串状排列的革兰阳性球菌，广泛分布于空气、饲料、饮水、地面及物体表面。常见的动物致病葡萄球菌有金黄色葡萄球菌（*S. aureus*）、中间葡萄球菌（*S. intermedius*）、表皮葡萄球菌（*S. epidermidis*）及猪葡萄球菌（*S. hyicus*）等，其中金黄色葡萄球菌是最重要的致病性葡萄球菌，常引起各种化脓性疾病、败血症或脓毒败血症。耐甲氧西林金黄色葡萄球菌常被称为"超级细菌"，其引起的感染难以治疗。

金黄色葡萄球菌（*S. aureus*）

1. 形态与染色

革兰阳性球菌，直径 0.5～1.5μm，排列成葡萄串状（图 3-2-1），液体培养基、脓汁、乳汁等染色的标本中常见双球或短链排列的球菌，易误认为链球菌。

2. 培养特性

厌氧、兼性厌氧或需氧均可生长。本菌营养要求低，在普通琼脂平板经 37℃培养 18～24h，形成湿润、光滑凸起、边缘整齐、不透明的圆形菌落，直径 1～2mm，有时可达 4～5mm。菌落产色素，颜色有灰白色、白色、金黄色或柠檬色等。在血琼脂平板上形成明显的 β 溶血；在高盐甘露醇平板上呈淡橙色菌落；在 Baird-Park 琼脂基础培养基上菌落呈黑色或灰色，边缘淡色，为一混浊带，在其外层有一透明圈（双环），用接种针接触菌落有似奶油至树胶样的硬度；在 VJ 培养基上培养基变淡黄色，菌落呈黑色；在科玛嘉显色培养基上为紫色或粉红色菌落（图 3-2-2）。在普通肉汤中生长迅速，初混浊，管底有少量沉淀，培养23天后可形成很薄的菌环，在管底则形成多量黏稠沉淀。本菌耐盐性强，在 7.5%～15% NaCl 培养基中均能生长。

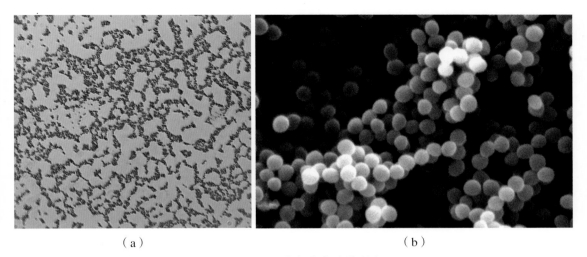

（a）　　　　　　　　　　　　（b）

图 3-2-1　金黄色葡萄球菌形态

（a）革兰染色；（b）扫描电镜图片

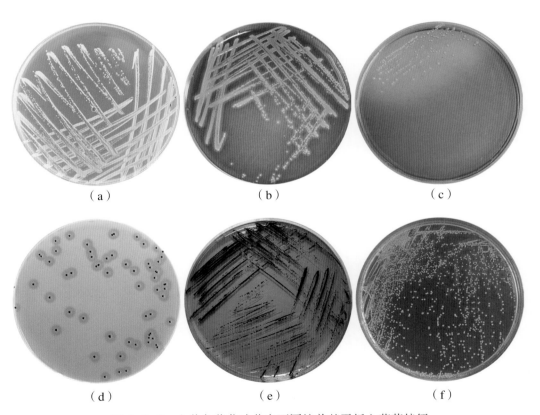

（a）　　　　　　　　　　（b）　　　　　　　　　　（c）

（d）　　　　　　　　　　（e）　　　　　　　　　　（f）

图 3-2-2　金黄色葡萄球菌在不同培养基平板上菌落特征

（a）营养琼脂平板；（b）血琼脂平板；（c）高盐甘露醇琼脂平板；（d）Baird-Park 琼脂基础培养基平板；
（e）VJ 培养基平板；（f）金黄色葡萄球菌显色培养基平板

3. 生化反应

生化反应并不恒定，常因菌株及培养条件而异。血浆凝固酶试验（图 3-2-3）、触酶试验阳性，多数能分解甘露醇、乳糖、葡萄糖、麦芽糖、蔗糖，产酸不产气，不产生靛基质，七叶苷试验阴性，详见表 3-2-1。

图 3-2-3　血浆凝固酶试验

表 3-2-1　主要葡萄球菌的生化特性

名　　称	菌落色素	血浆凝固酶	触酶	β溶血	甘露醇	麦芽糖	耐热核酸酶	V-P	透明质酸酶
金黄色葡萄球菌	+	+	+	+	+	+	+	+	+
中间葡萄球菌	−	−	+	+	V	V	−	−	−
猪葡萄球菌	−	V	+	−	−	−	−	−	+
表皮葡萄球菌	−	−	+	−	−	−	−	+	ND
腐生葡萄球菌	±	−	+	−	−	+	−	ND	ND

注：+，阳性；−，阴性；V，反应不定；ND，未确定。

4. 分离鉴定

（1）金黄色葡萄球菌分离鉴定：不同样品采取不同分离培养方法，脓汁、胸腔积液、心包积液、腹水或取其离心的沉淀物，直接涂片革兰染色镜检，发现革兰阳性球菌，可做出初步判断，直接接种在血琼脂平板上；血液等可接种到葡萄糖增菌肉汤进行增菌，再接种到血琼脂平板上进行分离培养；粪便等应接种到选择性培养基上如高盐甘露醇琼脂进行分离培养，环境样本等可接种到 7.5% NaCl 肉汤进行选择性增菌，再接种到血琼脂平板和 Baird-Park 平板等进行分离培养。对可疑菌落进行血浆凝固酶试验、触酶试验、分解甘露醇试验，猪葡萄球菌血浆凝固酶试验阳性、不分解甘露醇，而金黄色葡萄球菌分解甘露醇。也可以用商品化细菌试剂盒进行鉴定。金黄色葡萄球菌分离鉴定流程见图 3-2-4。

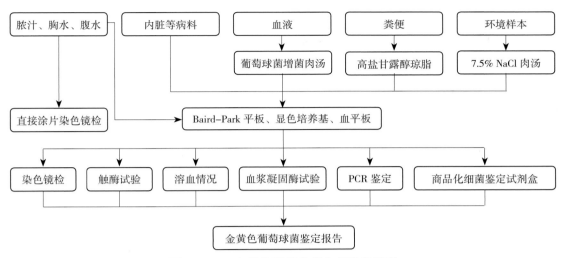

图 3-2-4　金黄色葡萄球菌分离鉴定流程

（2）金黄色葡萄球菌与链球菌属鉴别：葡萄球菌属触酶阳性，葡萄糖 O/F 试验为发酵型（F），在 6.5% NaCl 培养基能生长；链球菌属触酶阴性，葡萄糖 O/F 试验为氧化型（O），在 6.5%NaCl 培养基不能生长。

（3）葡萄球菌属与其他革兰阳性球菌鉴别：兽医临床常见的革兰阳性球菌，除葡萄球菌属外，还有气球菌属、肠球菌属等。葡萄球菌属与其他革兰阳性球菌属鉴别见表 3-2-2。

表 3-2-2　葡萄球菌属与其他革兰阳性球菌属鉴别

菌　名	四联排列	触酶	氧化酶（改良法）	动力试验	严格需氧	葡萄糖 O/F	耐药 红霉素	耐药 杆菌肽	耐药 呋喃唑酮
葡萄球菌属	d	+	−	−	−	d	R	R	S
微球菌属	+	+	+	−	+	−	S	S	R
气球菌属	+	−	−	−	−	（+）	ND	S	S
肠球菌属	−	−	−	d	−	+	R	R	S
链球菌属	−	−	−	−	−	+	S	d	S

注：+，90% 以上菌株阳性；−，90% 以上菌株阴性；d，11%～89% 菌株阳性；（）提示迟缓反应；ND，未确定。

第三节　肠球菌属（*Enterococcus*）

肠球菌原属于链球菌属的 D 群，由于两者的 16S rRNA 序列上存在差异，1984 年将其独立建属。肠球菌普遍存在于自然界，是人和动物肠道的正常菌群，某些分离株一直作为微生态制剂加以利用。但肠球菌又可引起多种感染，是医院感染的主要病原之一。同时，肠球菌对多种抗菌药物存在固有耐药及获得性耐药。对动物致病的主要为粪肠球菌、屎肠球菌、鸡肠球菌、猪肠球菌、肠道肠球菌等。在分离的肠球菌中，绝大多数为粪肠球菌，其次为屎肠球菌。国内研究显示，粪肠球菌的毒力更强，而屎肠球菌的耐药性更强。

粪肠球菌（*E. faecalis*）

1. 形态染色

革兰阳性球菌，圆形或椭圆形，大多数成双或链状排列（图 3-3-1），陈旧培养物或在厌氧状态下可呈革兰阴性，无芽孢和荚膜，少数菌株有鞭毛。

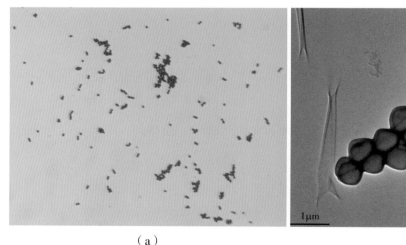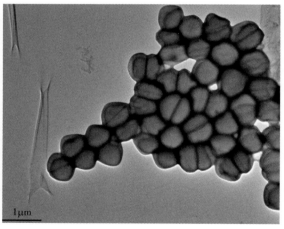

（a）　　　　　　　　　　　　　　　　（b）

图 3-3-1　粪肠球菌镜检形态
（a）革兰染色；（b）透射电镜

2. 培养特性

需氧或兼性厌氧菌。对环境的耐受性极强，10～45℃均能生长，最适生长温度为 35℃。对营养要求不高，在血平板上 35℃培养 18h 可形成灰白色、表面光滑、直径 1mm 大小的圆形菌落，γ 溶血，放置 4℃冰箱数天后会出现 α 溶血（图 3-3-2）。在胰蛋白胨大豆琼脂（TSA）上可生长为灰白色、圆形菌落（图 3-3-3）。在麦康凯平板上生长贫瘠，形成粉红色较小菌落，干燥（图3-3-4）。在KF平板培养48h后形成边缘整齐、有光泽的暗红色菌落（图3-3-5）。在肠球菌琼脂平板培养24h后形成带明显的棕色环的棕黑色菌落（图3-3-6）。在肠球菌显色培养基平板上为红色至紫红色。在肠球菌肉汤上培养24h后肉汤呈黑色（图3-3-7）。在叠氮钠葡萄糖肉汤中培养呈现混浊。

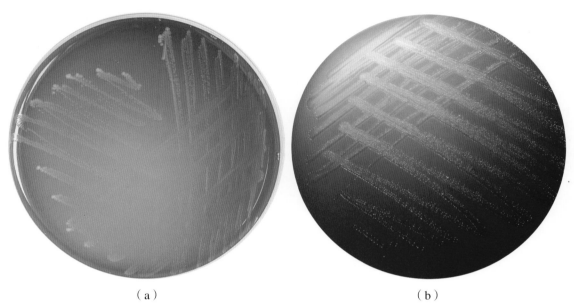

（a） （b）

图3-3-2 粪肠球菌在血平板上菌落形态

（a）γ溶血；（b）α溶血

 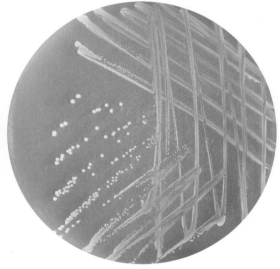

图3-3-3 粪肠球菌在TSA平板上的菌落特征　　图3-3-4 粪肠球菌在麦康凯平板上的菌落特征

 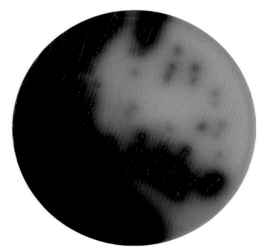

图 3-3-5 粪肠球菌在 KF 平板上菌落特征　　　图 3-3-6 粪肠球菌在肠球菌琼脂平板上菌落特征

图 3-3-7 粪肠球菌在肠球菌
肉汤上培养特性

3. 生化反应

触酶试验阴性，分解甘露醇和山梨醇，不发酵 L- 阿拉伯糖，胆汁七叶苷试验阳性，在含 6.5% NaCl 肉汤中生长，多数菌株吡咯烷酮芳胺酶（PYR）试验和亮氨酸氨肽酶（LAP）试验阳性，对杆菌肽耐药。生化特性详见表 3-3-1。

4. 细菌鉴定

（1）肠球菌分离鉴定流程：粪便、肛门拭子等样品先采集到运输培养基，再接种到肠球菌琼脂、KF 琼脂、肠球菌显色琼脂等培养基上；心、肝、肺等病料直接接种到血平板，对革兰阳性、触酶阴性可疑菌落纯化后再进一步进行鉴定。具体流程见图 3-3-8。

（2）肠球菌与其他细菌鉴别：主要有以下几种。

① 与链球菌属的鉴别：肠球菌属能在 pH 9.6 肉汤和45℃生长，胆汁七叶苷和耐盐试验阳性；链球菌属则相反。

② 粪肠球菌与屎肠球菌、鸟肠球菌的鉴别：粪肠球菌不分解 L- 阿拉伯糖，分解山梨醇；屎肠球菌能分解 L- 阿拉伯糖，不分解山梨醇；鸟肠球菌分解 L- 阿拉伯糖和山梨醇。

表 3-3-1 肠球菌属常见菌种的生化特性

菌种	精氨酸	甘露醇	山梨醇	L-阿拉伯糖	蔗糖	棉籽糖	胆汁七叶苷	6.5% NaCl 肉汤	动力试验
粪肠球菌	+	+	+	−	+	−	+	+	−
屎肠球菌	+	+	−	+	+	−	+	+	−
鸟肠球菌	−	+	+	+	−	−	+	+	−
坚韧肠球菌	+	−	−	−	−	−	+	+	−
铅黄肠球菌	+	+	−	+	+	+	+	+	+
孟氏肠球菌	+	+	−	−	+	+	+	+	−
犬肠球菌	−	+	−	+	+	−	+	+	−
盲肠肠球菌	−	+	−	+	+	+	+	+	−
鹌鸡肠球菌	+	−	−	+	+	+	+	+	+

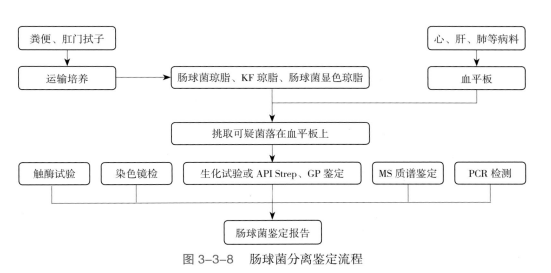

图 3-3-8 肠球菌分离鉴定流程

屎肠球菌（*Enterococcus Faecium*）

1. 形态染色

与粪肠球菌相似，为革兰阳性球菌，圆形或椭圆形，主要成对，偶见短链状排列（图 3-3-9），陈旧培养物或在厌氧状态下可呈革兰阴性，无芽孢、鞭毛和荚膜。

2. 培养特性

对营养要求比粪肠球菌高，在 TSA 平板上可生长为灰白色、圆形菌落（图 3-3-10）。在含有血清的培养基上生长良好，在马、兔血平板上经 36℃培养 18h 后可形成 α 溶血、灰

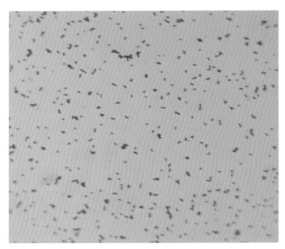

图 3-3-9 屎肠球菌镜下形态（革兰染色）

白色、不透明、表面光滑、直径 0.5～1mm 大小的圆形菌落（图 3-3-11）。在 KF 平板、肠球菌琼脂、肠球菌显色培养基、叠氮钠葡萄糖肉汤等培养基上培养特性与粪肠球菌相似。

3. 生化反应

触酶试验阴性，分解甘露醇，胆汁七叶苷试验阳性，在含 6.5% NaCl 肉汤中生长，多数菌株 PYR 试验阳性。

4. 分离鉴定

参考粪肠球菌。

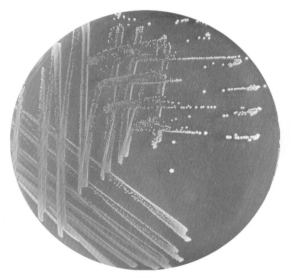

图 3-3-10 屎肠球菌在 TSA 平板上菌落特征

图 3-3-11 屎肠球菌在血平板上菌落特征

第四章

革兰阳性杆菌

第一节 李斯特菌属（*Listeria*）

细菌学分类学上李斯特菌属（*Listeria*）归属在芽孢杆菌纲（Bacilli）芽孢杆菌目（Bacillales）李斯特菌科（Listeriaceae）。李斯特菌属目前有 6 个种，包括产单核细胞增生李斯特菌（*L. monocytogenes*）、格氏李斯特菌（*L. grayi*）、无害李斯特菌（*L. innocua*）、伊氏李斯特菌（*L. ivanovii*）、塞氏李斯特菌（*L. seeligeri*）、韦氏李斯特菌（*L. welshimeri*）。其中，仅产单核细胞增生李斯特菌对人和动物致病。

产单核细胞增生李斯特菌（*L. monocytogenes*）

产单核细胞增生李斯特菌在自然界广泛分布，可感染哺乳动物、鸟类、鱼类等多种动物。李斯特菌病是一种重要的食源性人兽共患病，兽医临床上主要对反刍动物致病，其他动物则主要表现为零星发病。

1. 形态染色

为革兰阳性短杆菌，直或稍弯，两端钝圆，规则排列，偶有球状、双球状，大小为（0.4 ~ 0.5）μm ×（1 ~ 2）μm，无芽孢，不形成荚膜（图 4-1-1）。在 20 ~ 25℃培养可产生周生鞭毛，具有运动性；在 37℃培养则很少产生鞭毛，无运动性。

2. 培养特性

（1）培养条件：需氧或兼性厌氧菌。生长温度为 1 ~ 45℃，最佳生长温度为 30 ~ 37℃，在 4℃可缓慢增殖。可在含 10% NaCl 的营养肉汤中生长。60℃环境下 30min 可灭活。

（2）常用培养基（图 4-1-2）：在普通琼脂培养基中可生长，为针尖大小的菌落，但在血清或全血琼脂培养基上生长良好，加入 0.2% ~ 1% 的葡萄糖及 2% ~ 3% 的甘油生长更佳。在含七叶苷的琼脂培养基（如 PALCAM）上，菌落呈灰色，周围培养基颜色变黑。在绵羊血琼脂平板上生长，呈狭窄的 β 溶血。酵母浸膏胰酪大豆琼脂（TSAYE）培养基上，用 45℃入射光照射，菌落呈蓝色、灰色或蓝灰色。在李斯特菌显色培养基上菌落呈蓝色，外周有不透明的环。

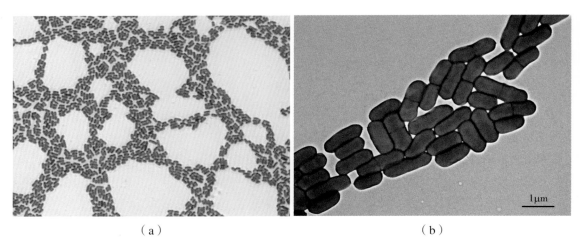

（a） （b）

图 4-1-1　产单核细胞增生李斯特菌镜下形态

（a）革兰染色；（b）扫描电镜图

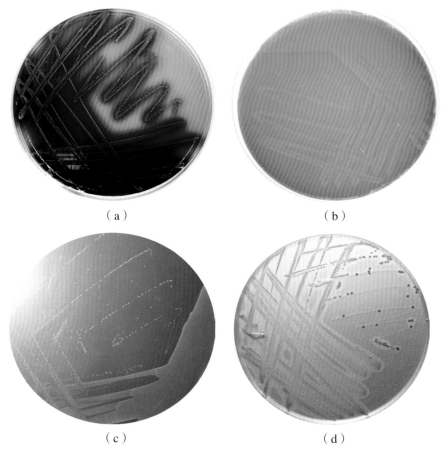

（a） （b）

（c） （d）

图 4-1-2　产单核细胞增生李斯特菌在常用培养基上形态

（a）PALCAM 琼脂；（b）绵羊血琼脂；（c）TSAYE 琼脂；（d）李斯特菌显色培养基

（3）动力试验：在半固体或 SIM 培养基上呈伞状生长（图 4-1-3）。

（4）CAMP 试验：在血平板上平行划线接种金黄色葡萄球菌和马红球菌两条接种线，将可疑菌株垂直划线接种于两条线中间，靠近但不接触，产单核细胞增生李斯特菌靠近金黄色葡萄球菌处溶血区域增强（图 4-1-4）。

图 4-1-3 在半固体培养基上呈伞状生长

图 4-1-4 CAMP 试验

3. 生化反应

触酶试验阳性，分解葡萄糖、麦芽糖、鼠李糖、水杨苷，不分解蔗糖、木糖、甘露醇。常见生化特性见表 4-1-1。

表 4-1-1 产单核细胞增生李斯特菌常见生化特性

项 目	结 果	项 目	结 果
V-P 试验	+	甲基红试验	+
D- 木糖	−	D- 核糖	−
D- 半乳糖	D	乳糖	+
α- 葡萄糖苷酶	D	N- 乙酰 -D- 氨基葡萄糖	D
环式糊精	D	尿素酶	
α- 甘露糖苷酶	+	D- 甘露醇	−
磷酸酶	+	D- 甘露糖	
蔗糖	+	甲基 -B-D- 葡萄糖吡喃苷	+
D- 海藻糖	+	D- 山梨醇	D

符号：+，＞85% 菌株阳性；−，0～15% 菌株阳性；D，16%～84% 菌株阳性。

4. 分离鉴定

（1）分离鉴定流程：产单核细胞增生李斯特菌是一种食源性病原微生物，因而对饲料、饮水及环境样本等的监测非常关键。目前相关的检验标准较多，方法也比较成熟，其分离鉴定流程可参照图4-1-5。

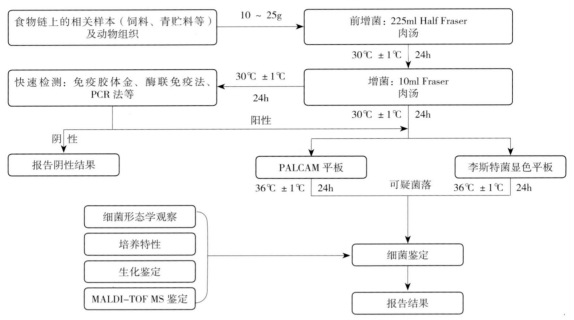

图 4-1-5　产单核细胞李斯特菌分离鉴定流程

（2）与其他细菌的鉴别

① 李斯特菌属的鉴别：李斯特菌为 G^+ 杆菌，在细菌湿片上呈翻筋斗运动，触酶阳性，氧化酶阴性，七叶苷水解阳性，吲哚试验阴性，尿素酶阴性，与相关菌属的鉴别见表4-1-2。

表 4-1-2　李斯特菌属与相关菌属的鉴别

名　　称	李斯特菌属	索丝菌属	丹毒丝菌属	库特菌属	乳杆菌属
运动性	+	−	−	+	−
35℃生长需氧	兼性厌氧	兼性厌氧	兼性厌氧	需氧	兼性厌氧
35℃生长	+	−	+	+	+
触酶	+	+	−	+	−
产 H_2S	−	−	+	−	−
葡萄糖产酸	+	+	+	−	+

注：数据引自《伯杰氏细菌系统分类学手册》（第二版）卷三第253页。符号：+，阳性；−，阴性。

②李斯特菌属内菌的鉴别：产单核细胞增生李斯特菌呈狭窄的 β 溶血，能分解鼠李糖，不分解木糖和甘露糖，CAMP 试验与金黄色葡萄球菌有协同溶血反应，与属内其他常见菌的鉴别见表 4-1-3。

表 4-1-3　李斯特菌属内常见细菌的鉴别

项　目	L. monocytogenes	L. innocua	L. ivanovii	L. seeligeri	L. welshimeri	L. grayi
β 溶血	+	−	+	+	−	−
CAMP 试验（马红球菌）	−	−	+	−	−	−
CAMP 试验（金黄色葡萄球菌）	+	−	−	+	−	−
L- 鼠李糖	+	d	−	−	d	+
D- 木糖	−	−	+	+	+	−
D- 甘露糖	−	−	−	−	−	−
卵磷脂酶	+	−	+	d	−	−
葡萄糖 -1- 磷酸	−	−	+	−	−	−
甲基 -α-D- 吡喃甘露糖苷	+	+	−	−	+	−
马尿酸盐水解	+	+	+	ND	ND	−
硝酸盐还原	−	−	−	−	−	−
小鼠致病性	+	−	+	−	−	−
血清型	1/2a, 1/2b, 1/2c, 3a, 3b, 3c, 4a, 4ab, 4b, 4c, 4d, 4e, 7	4ab, 6a, 6b	5	1/2b, 4c, 4d, 6b	6a, 6b	未指定

注：引自《伯杰氏细菌系统分类学手册》（第二版）卷三第 249 和第 250 页。符号：+，＞85% 阳性；−，0～15% 阳性；d，16%～84% 阳性；ND，未确定。格氏李斯特菌默氏亚种（Listeria grayi subsp.murrayi）硝酸盐还原试验阳性。

（3）商品化生化鉴定试剂及鉴定系统：使用商品化的微量生化鉴定试剂条和生化鉴定系统极大地提高了生化鉴定的速度及准确性。目前常用的生化鉴定系统有 Listeria API（bioMerieux）、Micro-ID Listeria（Remel）和 VITEK 2 Compact（bioMerieux），其他还有 BBL Cry stal Gram-Pos ID（BD）、Microbact Listeria 12L（Oxoid）、Phoenix（BD）、MicroScan Walk Away（Siemens Healthcare）及 Biolog 等鉴定系统，均能鉴定到种水平。

（4）MALDI-TOF MS 鉴定：随着基质辅助激光解析电离 - 飞行时间质谱（MALDI-TOF

MS）技术的应用越来越广泛，利用其质谱特征峰的不同可快速区分李斯特菌属内菌及其他易混淆的细菌（图4-1-6）。目前该技术已成功应用于产单核细胞增生李斯特菌的快速分型，可在一次检测中明确鉴定出其谱系和血清型。

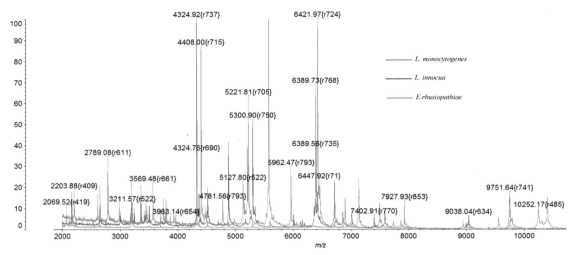

图4-1-6　产单核细胞增生李斯特菌、无害李斯特菌和红斑丹毒丝菌的质谱比较

第二节　丹毒丝菌属（*Erysipelothrix*）

丹毒丝菌属（*Erysipelothrix*）细菌学分类归在丹毒丝菌纲（Erysipelotrichia）丹毒丝菌目（Erysipelotrichales）丹毒丝菌科（Erysipelotrichaceae）。丹毒丝菌属包括红斑丹毒丝菌（*E.rhusiopathiae*）、扁桃体丹毒丝菌（*E.tonsillarum*）和*E.inopinata* 3个种，其中红斑丹毒丝菌包含血清型1a、1b、2、4、5、6、8、9、11、12、15、16、17、19、21和N型，扁桃体丹毒丝菌包含血清型3、7、10、14、20、22和23型，13型和18型未明确分类地位。目前认为仅红斑丹毒丝菌对人和动物具有致病性，我国流行的血清型主要为1a型和2型。

红斑丹毒丝菌（*E.rhusiopathiae*）

红斑丹毒丝菌在自然界分布十分广泛，可寄生于哺乳动物、禽和鱼类，主要侵害猪并引发猪丹毒，引起高热、急性败血症、皮肤疹块、慢性心内膜炎和关节炎、皮肤坏死等症状。

1.形态染色
红斑丹毒丝菌为直或稍弯曲的革兰阳性细长杆菌，在老龄培养物中菌体着色能力较差。

无鞭毛、无荚膜、不产生芽孢，易形成长丝状，大小通常为（0.2～0.4μm）×（0.8～2.5μm），菌体两端钝圆，常单个、成对形成 V 形或呈堆状无规则排列（图 4-2-1）。

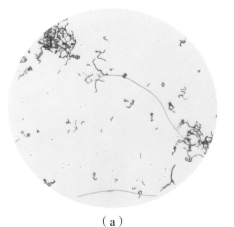
（a）

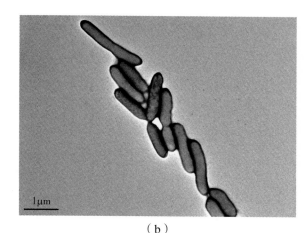
（b）

图 4-2-1　红斑丹毒丝菌镜下形态
（a）革兰染色；（b）透射电镜图

2. 培养特性

（1）培养条件：兼性厌氧，初次分离时微需氧，传代后在需氧环境中生长良好。在 5～42℃下均可生长，最适生长温度为 30～37℃；pH 6.7～9.2 均可生长，生长最适 pH 为 7.2～7.6。

（2）常用培养基上的生长状况：在普通营养琼脂上生长欠佳，在含有血清、血液或葡萄糖的培养基上生长良好。在麦康凯培养基上不生长。在肉汤中培养形成轻度混浊，有少量白色黏稠沉淀，但不形成菌膜和菌环。在血液琼脂平板上生长常形成圆形凸起、边缘整齐、无色透明的针尖大小露珠样小菌落，并形成狭窄的 α 溶血环，培养48h 后菌落变大，可清楚地观察到溶血现象。通常认为不形成 β 溶血（图 4-2-2），但研究表明某些菌株在叠氮钠血平板上生长可出现宽阔的 β 溶血区域，部分菌株还可出现双溶血环（图 4-2-3）。

（3）明胶穿刺试验：穿刺接种后于 22℃培养，起初 24h 仅在凝胶表面下呈云雾状生长，培养 3～4 天后沿穿刺线横向四周生长，如试管刷状，但明胶不液化（图 4-2-4）。近年来发现，红斑丹毒丝菌的强毒株与弱毒株在明胶培养基上的生长特征差异较大，弱毒株不形成典型的试管刷状特征，可作为区分强毒株和弱毒株的参考。

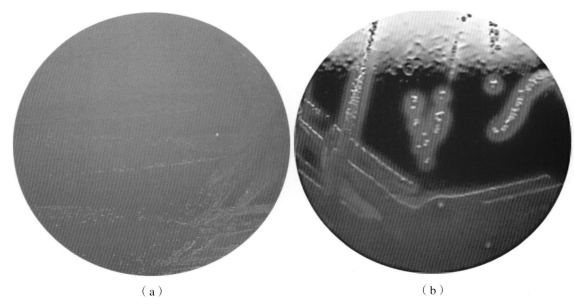

（a）　　　　　　　　　　　　　（b）

图 4-2-2　红斑丹毒丝菌在绵羊血平板上的生长形态

（a）培养 24h；（b）培养 48h

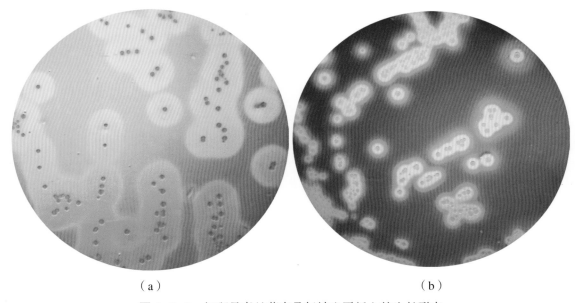

（a）　　　　　　　　　　　　　（b）

图 4-2-3　红斑丹毒丝菌在叠氮钠血平板上的生长形态

（a）宽阔的 β 溶血区域；（b）双溶血环

图 4-2-4 明胶穿刺试验

3. 生化反应

可分解葡萄糖、半乳糖、果糖、乳糖、麦芽糖、阿拉伯糖、蜜二糖、松三糖、塔格糖、糊精、N-乙酰葡糖胺，产酸、不产气；可分解甘露糖、甘露醇、山梨醇、棉籽糖、蔗糖，产酸弱或延迟；MR 试验、V-P 试验、吲哚试验、硝酸盐还原试验阴性；触酶、氧化酶、氨肽酶、淀粉水解、明胶、七叶苷、脲酶等试验均为阴性；产 H_2S，可水解马尿酸。

4. 分离鉴定

（1）分离鉴定流程：急性病例的高热期可采集末梢血液，病死动物可采集心、肝、脾等脏器，出现疹块的可采集皮肤及渗出液，进行流行病学调查时可采集粪便和被污染的土壤，具体的分离鉴定流程详见图 4-2-5。

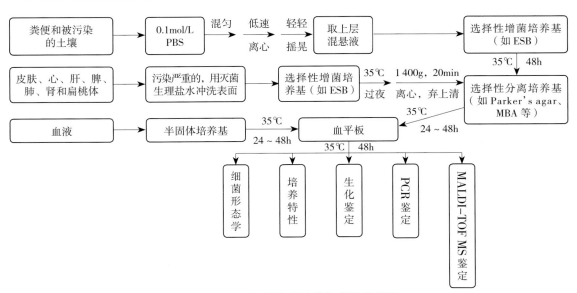

图 4-2-5 红斑丹毒丝菌分离鉴定流程

（2）与其他细菌的鉴别

① 丹毒丝菌属的鉴别：因菌株毒力的不同，丹毒丝菌在固体培养基上可形成光滑型（S）菌落和粗糙型（R）菌落，触酶、氧化酶均阴性，M-R 试验和 V-P 试验均阴性，三糖铁培养基上产 H_2S，与相关菌属的鉴别见表 4-2-1。

② 丹毒丝菌属内菌的鉴别：生化反应仍是鉴别丹毒丝菌属细菌的主要方法，可参考表4-2-2。

表 4-2-1　丹毒丝菌属与相关菌属的鉴别

项　　目	丹毒丝菌属	环丝菌属	库特菌属	李斯特菌属	棒状杆菌属
菌落形态	S/R	S/R	R	S	S
触酶试验	−	+	+	+	+
严格厌氧	−	−	+	−	−
葡萄糖产酸	+	+	−	+	+
30℃以上生长	+	−	+	+	+

注：引自《伯杰氏细菌系统分类学手册》(第二版) 卷三第 1 303 页。符号：S，光滑型；R，粗糙型；+，阳性；−，阴性。棒状杆菌属内一些菌种为厌氧。

表 4-2-2　与丹毒丝菌属其他细菌的鉴别

项　　目	红斑丹毒丝菌	意外丹毒丝菌	扁桃体丹毒丝菌
β- 葡萄糖苷酶	−	+	+
碱性磷酸酶	−	−	+
核酸	−	w	+
乳酸	+	−	−
海藻糖	−	+	−
N- 乙酰 -D- 甘露糖胺	+	−	+
L- 阿拉伯糖	+	−	w
熊果苷	−	+	−
纤维二糖	−	+	−
D- 果糖	+	−	+
D- 半乳糖	+	−	+
苦杏仁糖	−	+	−

（续表）

	红斑丹毒丝菌	意外丹毒丝菌	扁桃体丹毒丝菌
丙三醇	−	+	−
D− 阿洛酮糖	+	−	+
水杨苷	−	+	−

注：数据引自《伯杰氏细菌系统分类学手册》（第二版）卷三第 1301 页。符号：+，阳性；−，阴性；w，反应弱。

（3）商品化生化鉴定试剂及鉴定系统：临床主要使用商品化的微量生化鉴定试剂条和生化鉴定系统进行鉴定。API ID 32 Strep 试剂条（bioMerieux）、VITEK2 GP 鉴定卡（bioMerieux）、Biolog GP 微孔板等均能准确鉴定红斑丹毒丝菌。

（4）PCR 鉴定：根据红斑丹毒丝菌 16S rRNA 的基因序列（GenBank 登录号：AB055905）设计引物。上游引物 P1：5′–CTGGCGGCGTGCCTAATACAT–3′；下游引物 P2：5′–CCTACCTTCGACGGCTCCCTC–3′，引物预期扩增片段长度大小为 1 437bp。

① PCR 反应体系（50μl）：2×PCR Mix 25μl，上、下游引物各 2μl，DNA 模板 4μl，其余用去离子水补充。

② PCR 反应条件：94℃预变性 10min；94℃变性 30s，64℃退火 30s，72℃延伸 1min，共 35 个循环；72℃延伸 10min。

PCR 反应产物的琼脂糖凝胶电泳结果见图 4-2-6。

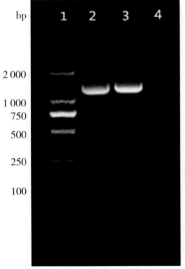

图 4-2-6　16S rRNA PCR 产物电泳图谱

1. DL2000 DNA Marker；2. CVCC 138；3. CVCC 139；4. 生理盐水

（5）MALDI-TOF MS 鉴定：目前已证实 MALDI-TOF MS 技术可用于红斑丹毒丝菌鉴定与研究。在对临床样本的分离鉴定过程中，采用 MALDI-TOF MS 技术可快速准确地筛选出红斑丹毒丝菌（图 4-2-7）。

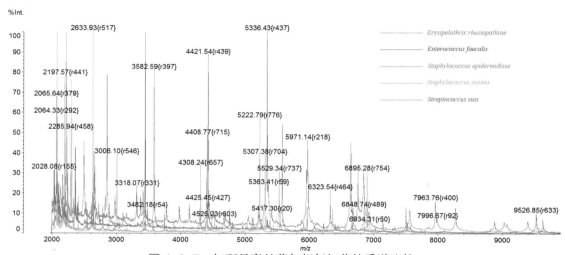

图 4-2-7　红斑丹毒丝菌与相似细菌的质谱比较

第三节　芽孢杆菌属（*Bacillus*）

芽孢杆菌属细菌在自然界分布极广，种类很多，至少包括 34 个正式种和 200 多个位置不定的种，多数无致病性。其中，炭疽芽孢杆菌和蜡状芽孢杆菌是人和动物的病原菌。菌体杆状，两端钝圆或平截，能够形成芽孢，对各种极端环境和杀菌剂均具有强大抵抗力。大多有周鞭毛，某些种可在一定条件下产生荚膜。多为革兰阳性菌，需氧或兼性厌氧，菌落形态和大小多变。大多数种产生触酶，氧化酶阳性或阴性。DNA 的（G + C）= 32 ~ 69mol%。

炭疽芽孢杆菌（*B.anthracis*）

炭疽芽孢杆菌习惯上称炭疽杆菌，在兽医学和医学上均占有相当重要的地位，是引起人类、各种家畜和野生动物炭疽（*anthrax*）的病原，几乎所有的哺乳动物均能感染，少数鸟类也易感，其中草食动物尤为易感。炭疽是 OIE 规定的必须通报的疫病，也是我国规定的一类动物疫病。

1. 形态染色

炭疽杆菌为革兰阳性，直杆状大杆菌，大小（1.0 ~ 1.2）μm ×（3.0 ~ 5.0）μm，圆端或方端；无鞭毛，不运动。芽孢椭圆形，小于菌体，位于中央。可形成荚膜。DNA（G＋C）＝32.2～33mol%。在动物组织和血液中，菌体单在或呈短链状，菌体接触面膨大呈竹节状，荚膜较厚。在牛、绵羊体内形成的荚膜最明显，马、骡次之，猪体内一般轮廓不清。荚膜抗腐能力强，菌体腐败消失后可见菌蜕（菌影）。体外培养时不能形成荚膜；在含有血液的培养基，经 37℃、10%～20% CO_2（模拟体内环境）培养时可形成荚膜。该菌接触空气中的游离氧后方可形成芽孢，体外培养菌呈长链状，并产生芽孢。7～8h 后形成芽孢，30℃下发芽仅需 8min，不同温度下产生的芽孢成分不同。炭疽芽孢杆菌镜检详见图4-3-1。

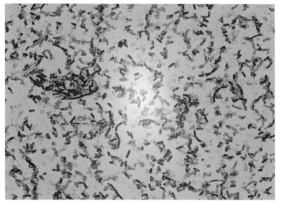

图 4-3-1 芽孢杆菌革兰染色镜检形态

2. 培养特性

该菌最佳生长温度为 30～37℃，最佳生长 pH 为 7.2～7.6，需氧。对营养要求不高。在普通琼脂平板上，强毒菌株形成菌落 R 型（图 4-3-2），呈灰白色、表面干燥、边缘卷发状如火焰状、有小尾突起，接种环挑取时有"拉丝"现象。弱毒菌株菌落为稍小的 S 型。在绵羊血平板上不溶血。普通肉汤 37℃

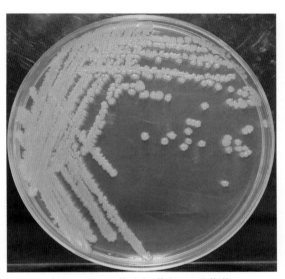

图 4-3-2 芽孢杆菌的 R 型菌落

培养 24h，上层液透明，形成白色絮状沉淀。明胶穿刺呈现倒立松树的形状，培养 2～3 天后，明胶表面液化呈漏斗状。使用青霉素含量 0.5IU/ml 的液体培养产生"串珠反应"，原因是幼龄炭疽杆菌细胞壁的肽聚糖合成受抑制而形成原生质体，并相互连接形成串珠样。

3. 生化反应

发酵葡萄糖产酸、不产气。可水解淀粉、明胶和酪蛋白。V-P 试验阳性，能还原硝酸盐。牛乳经 2～4 天凝固，然后缓慢胨化。卵磷脂酶阳性或弱反应。触酶阳性。

4. 鉴别要点

炭疽病畜的尸体严禁剖检，血样可从耳根部采集，必要时切开肋骨取脾脏进行实验室检验。皮肤炭疽可采集病灶的水肿液或渗出物，肠炭疽可采集粪便样品。若病畜尸体已被误剖，则可采集脾、肝等样品进行实验室检验。病料涂片后，采取碱性亚甲蓝染色法、瑞氏染色法或姬姆萨染色法进行染色后再镜检，若发现视野中有带荚膜、竹节状的大杆菌，即可做出初步判断。材料不新鲜时菌体易消失。可用血琼脂平板或普通营养琼脂平板进行细菌分离培养。37℃培养 16 ~ 20h 后，挑取纯培养物与其他芽孢杆菌进行鉴别，详见表 4-3-1。

表 4-3-1　炭疽杆菌与其他需氧芽孢杆菌的鉴别

鉴别项目	炭疽芽孢杆菌	蜡状芽孢杆菌及其他需氧芽孢杆菌
荚膜形成	+	－
菌落	粗糙、边缘不整齐，呈卷发样	蜡样光泽、波纹状、锯齿状
溶血反应	不溶血或微溶血	蜡状芽孢杆菌 β 溶血
肉汤生长	絮状沉淀	均匀混浊、颗粒样沉淀、有菌膜
串珠试验	+	
动力试验	－	+（±）
γ 噬菌体裂解	+	
青霉素抑制	+	－
碳酸氢钠琼脂	M 型菌落	R 型菌落
对豚鼠致病力	+	－
Ascoli 反应	强阳性	阴性或阳性

第四节　梭菌属（*Clostridium*）

梭菌在自然界分布极为广泛，常见于土壤、污水、沉积物、人和动物的肠道、伤口及软组织感染灶等。梭菌属为芽孢杆菌科，现有 200 多种，多数不具有致病性，引起动物致病的较常见的病原菌有腐败梭菌（*C. septicum*）、气肿疽梭菌（*C. chauvoei*）、诺维梭菌（*C. novyi*）、溶血梭菌（*C. haemolyticum*）、肉毒梭菌（*C. Botulinum*）、破伤风梭菌（*C. tetani*）、艰难梭菌（*C. difficile*）、产气荚膜梭菌（*C. Perfringens*），通常均能产生外毒素，其毒力强，多为人兽共患病病原。

梭菌属为专性厌氧或微需氧的革兰阳性菌，菌体具有多形性，杆状、单在、成双或链状排列，有的具有周鞭毛，两端钝圆或尖锐，只有在厌氧条件下形成芽孢，芽孢常使菌体膨大呈纺锤状。大多数梭菌最佳生长条件为 30 ~ 37℃、pH 为 6.5 ~ 7.0，不还原硫酸盐。

产气荚膜梭菌（*C. perfringens*）

该菌旧名魏氏梭菌（*C. welchii*）在自然界分布极为广泛，在一定条件下可导致机体组织严重气肿，产生坏死、水肿、产气等多种症状。传统上依据主要致死性毒素可将此菌分为A、B、C、D和E 5个型。

1. 形态染色

革兰阳性粗大杆菌，两端钝圆，大小（0.6 ~ 2.4）μm ×（0.3 ~ 19.0）μm，单在或成双，无鞭毛。一般不产生芽孢，但在无糖培养基上菌体膨胀，在菌体中央或近端呈现较大的卵圆形芽孢。在动物体内或含血清培养基内可形成荚膜。

2. 培养特性

该菌不严格厌氧，在普通培养基上即可生长，在5% ~ 10% CO_2的固体培养基上生长稀疏。A、D和E型最适生长温度为45℃，B、C型为37 ~ 45℃。在血平板上，形成直径2 ~ 5mm的菌落，表面光滑、隆起、边缘整齐、圆形、灰白色菌落。多数菌株在血平板上产生双溶血环，内环完全溶血（θ毒素），外环不完全溶血（α毒素）；部分B、C型菌株可在绵羊或牛血平板上产生较宽溶血环（δ毒素）。在乳糖牛奶卵黄琼脂平板上的菌落周围有乳白色混浊圈，为卵磷脂酶分解卵黄中的卵磷脂所致，这一现象称为纳格勒反应（Nagler's reaction）。在胰胨－亚硫酸盐－环丝氨酸琼脂基础（TSC）培养基上为黑色菌落。在庖肉培养基中产生大量气体，肉渣不被消化，呈淡粉红色。在含铁牛奶培养基中培养8 ~ 10h后，分解乳糖产酸，使其中酪蛋白凝固；产生大量气体（H_2和CO_2），使乳凝块破裂成多孔海绵状，严重时被冲成数段，甚至喷出管外，呈"暴烈发酵"现象，培养基不变黑（图4-4-1）。

图 4-4-1 产气荚膜梭菌的"暴烈发酵"现象

3. 生化反应

产气荚膜梭菌氧化酶阴性，能发酵葡萄糖、麦芽糖、乳糖和蔗糖，并产酸产气。不发酵甘露醇和水杨苷。吲哚反应阴性，能液化明胶，产生H_2S，不能消化已凝固的蛋白质和血清。无动力，能将硝酸盐还原为亚硝酸盐（表4-4-1）。

4. 分离鉴定

（1）分离鉴定流程：分离培养时，要注意观察该菌为革兰阳性粗大杆菌。取坏死组织或肠内容物直接涂片染色，镜检可见革兰阳性粗大杆菌，有的有荚膜。分离培养用0.1%的蛋白胨水制成悬液，接种血平板、牛奶培养基或庖肉培养基厌氧培养，观察生长情况，并取培养物涂片镜检。根据其培养特性，如厌氧、生长速度快、不运动、菌落形态、双层溶血环和牛奶暴烈发酵等特点作出鉴别，分离鉴定流程见图 4-4-2。乳糖—明胶、牛奶发酵和动力—硝酸盐这 3 项试验具体操作步骤可参考《食品微生物检验 产气荚膜梭菌检验》（GB 4789.13—2012）。

表 4-4-1 主要病原梭菌的生化特征

细 菌	消化酪蛋白	水解明胶	脂酶	卵磷脂酶	发酵反应				产生吲哚
					葡萄糖	麦芽糖	乳糖	蔗糖	
腐败梭菌	+	+	−	−	+	+	+	−	−
产气荚膜梭菌	+	+	−	+	+	+	+	+	−
诺维梭菌 A 型	−	+	+	+	+	+	−	−	−
诺维梭菌 B 型	−	+	+	+	−	+	−	−	v
诺维梭菌 C 型	−	−	−	−	−	−	−	−	+
溶血梭菌	−	+	−	−	+	−	−	−	+
肉毒梭菌 C、D 型	−	+	+	v	+	v	−	−	v
肉毒梭菌 B、E、F 型（解糖）	−	+	+	−	+	+	−	+	−
肉毒梭菌 A、B、F 型（解朊）	+	+	+	−	+	+	−	−	−
破伤风梭菌	−	+	−	−	−	−	−	−	v
艰难梭菌	−	+	−	−	+	−	−	−	−

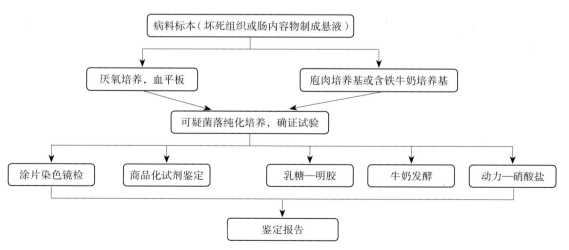

图 4-4-2 产气荚膜梭菌分离鉴定流程

（2）与破伤风梭菌的鉴别：产气荚膜梭菌发酵糖，在庖肉培养基中肉渣不消化，产生大量气体；破伤风梭菌不发酵糖，在庖肉培养基中肉渣部分消化，微变黑，产生少量气体。

（3）肠内容物毒素检测：取肠内容物离心后取上清液，分成两份，一份60℃处理30min，一份不加热，分别静脉注射家兔（1～3ml）或小鼠（0.1～0.3ml）。如有毒素存在，不加热组动物数分钟至数小时内死亡，动物躯体膨胀，取肝或腹腔渗出液涂片镜检并分离培养；加热组不出现死亡。

第五章

肠杆菌科

肠杆菌科是在生态学、宿主及对人、动物、昆虫、植物的致病性方面存在很大差异，而生化和遗传特性非常相近的一个大的菌群。目前，肠杆菌科下包含埃希菌属（*Escherichia*）、沙门菌属（*Salmonella*）、志贺菌属（*Shigella*）、耶尔森菌属（*Yersinia*）等42个属。其分布广泛，在土壤、水、蔬菜、水果、肉类、蛋类等均能分离到。多数不致病或为条件致病菌，同其快速增殖（在适宜条件下每20~30min可增殖1代）的特点有关，对人或动物致病的主要包括沙门菌属（*Salmonella*）、志贺菌属（*Shigella*）、鼠疫耶尔森菌（*Y. pestis*）、小肠结肠炎耶尔森菌（*Y.enterocolitica*）、肺炎克雷伯菌（*K. pneumoniae*）和大肠埃希菌（*E. coli*）部分血清型。

肠杆菌科细菌为革兰阴性无芽孢杆菌，大小为（0.3~1.0）μm×（1.0~6.0）μm，不耐酸，兼性厌氧，在22~35℃均可生长，在25~28℃生长时生化活性最强。在蛋白胨和肉浸液培养基中生长良好，多数可在麦康凯培养基上生长，化能有机营养，可发酵葡萄糖等碳水化合物，触酶阳性（痢疾志贺菌O1和致病杆菌属除外），氧化酶阴性（邻单胞菌属除外）。同肠杆菌科表型特征最接近的主要是气单胞菌科（Aeromonadaceae）、巴氏杆菌科（Pasteurellaceae）和弧菌科（Vibrionaceae），相关菌科的鉴别参见表5-0-1。

表 5-0-1　肠杆菌科与相近菌科的表型特征

表型特征	肠杆菌科	气单胞菌科	巴氏杆菌科	弧菌科
直径（μm）	0.3~1.5	0.3~1.0	0.2~0.4	0.3~1.3
直杆菌	+	D	+	D
弯曲杆菌	−	D	−	D
运动性	D	+[a]	−	+[b]
极性鞭毛	−[c]	+		+
横向鞭毛	+[c]	−		−
氧化酶试验	−[d]	+[e]	+	+[e]

（续表）

表型特征	肠杆菌科	气单胞菌科	巴氏杆菌科	弧菌科
NaCl 生长试验	−	−	−	D
肠杆菌通用抗原	+[f]	−	−[f]	−
细胞含有甲基萘醌类	D	D	−	D
生长需要血红素和 / 或 NAD	−	−	+	−
寄生于哺乳动物和鸟类	D	−[b]	+	−[b]
生长需要有机氮源	−[b]	−	+	−[b]

注：a.*Ruminobacter*、*Tolumonas* 和杀鲑气单胞菌特殊的生物群除外；b. 有少数例外；c. 邻单胞菌属（极性横向鞭毛）和塔特姆菌属（可能有极性、近极性或横向鞭毛）除外；d. 邻单胞菌属除外；e. 麦氏弧菌、*Vibrio gazogenes*、*Tolumonas* 例外；f. *Erwinia chrysanthemi*、*Actinobacillus equuli* 和 *Actinobacillus suis* 例外。

第一节　埃希菌属（*Escherichia*）

本属细菌包括大肠埃希菌、蟑螂埃希菌、弗格森埃希菌、赫尔曼埃希菌和伤口埃希菌等超过 8 个种。本菌属细菌 DNA（G + C）为 48% ~ 52%。临床最常见的是大肠埃希菌（*Escherichia coli*，*E. coli*），俗称大肠杆菌，其大多数菌株为人类和动物肠道正常菌群。

大肠埃希菌（*Escherichia coli, E. coli*）

1. 形态染色

大肠埃希菌为无芽孢的革兰阴性直杆菌，大小为（0.4 ~ 0.7）μm ×（2.0 ~ 3.0）μm，两端钝圆，散在或成对存在。碱性染料对本菌具有良好的着色性，菌体两端偶尔略深染。运动器官多数为周生鞭毛，一般为 1 型菌毛，少数兼具性菌毛，多数具有致病力的菌株还有与毒力相关的菌毛。详见图 5-1-1。

2. 培养特性

大肠埃希菌为兼性厌氧菌，37℃为最佳生长温度，普通培养基上生长良好，最适宜的环境 pH 为 7.2 ~ 7.4。在麦康凯琼脂培养基上菌落呈红色，在伊红 - 亚甲蓝琼脂培养基上菌落为黑色且具金属光泽，在 SS 琼脂培养基上生长较差或不生长（生长者呈现红色），详见图 5-1-2。某些致病性菌株在绵羊血琼脂平板上呈现 β 溶血。在营养琼脂上培养 24h 后，菌落呈灰白色，直径 2 ~ 3mm，表面凸起、圆形、湿润、光滑、半透明。S 型菌株在肉汤中培养 18 ~ 24h，均匀混浊，管底有黏性沉淀，液面管壁有菌环。O157 在显色培养基上培养 18 ~ 24h，为淡紫色菌落，见图 5-1-2（e）。

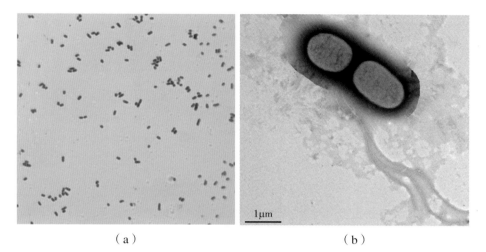

（a） （b）

图 5-1-1 大肠埃希菌镜下形态

（a）革兰染色；（b）透射电镜

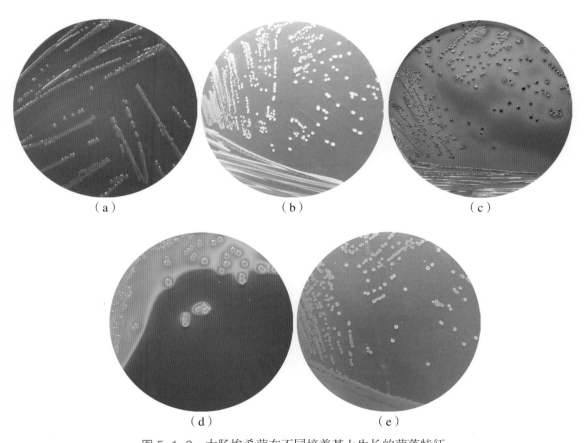

（a） （b） （c）

（d） （e）

图 5-1-2 大肠埃希菌在不同培养基上生长的菌落特征

（a）血平板；（b）营养琼脂；（c）伊红－亚甲蓝培养基；（d）麦康凯培养基；（e）显色培养基

图 5-1-3　大肠埃希菌
三糖铁琼脂试验反应结果
（左侧为接种大肠埃希菌，
右侧为空白对照）

3. 生化反应

本菌能发酵多种碳水化合物而产酸产气。多数菌株可迅速发酵乳糖和山梨醇，极少数迟发酵或不发酵，如 O157：H7 菌株不发酵或迟发酵山梨醇。约半数菌株不分解蔗糖。几乎均不产生 H_2S，不分解尿素。吲哚和甲基红试验均为阳性，V-P 试验和枸橼酸盐（IMViC 试验）利用试验均为阴性。三糖铁上斜面和底层均产酸产气，产 H_2S 试验阴性。动力培养基生化反应为阳性，尿素（MIU）培养基生化反应为阴性。大肠埃希菌在三糖铁上的生化反应详见图 5-1-3。

4. 分离鉴定

（1）大肠埃希菌分离鉴定流程：病料接种于血平板和麦康凯平板，37℃培养 24～48h。挑取麦康凯平板上的红色菌落或血平板上灰色、圆形、具有特征性气味的典型菌落（有的溶血），分别接种三糖铁（TSI）培养基和普通琼脂斜面做初步生化鉴定和纯培养。将 TSI 琼脂反应模式符合埃希菌属的生长物或其相应的普通斜面纯培养物做 O 抗原鉴定。大肠埃希菌的分离和鉴定程序详见图 5-1-4。

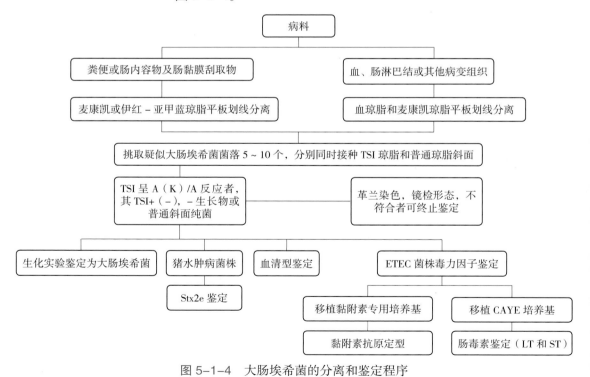

图 5-1-4　大肠埃希菌的分离和鉴定程序

（2）大肠埃希菌血清型鉴定：大肠埃希菌抗原主要有 O、K 和 H 三种，均为菌体表面抗原。O 抗原是 S 型菌的一种耐热菌体抗原，121℃加热 2h 不破坏其抗原性。一个菌株含有 1 种 O 抗原。K 抗原是热不稳定抗原，一个菌株可含 1～2 种不同 K 抗原，也有无 K 抗原的菌株。H 抗原是一类不耐热的鞭毛蛋白抗原，加热至 80℃或经乙醇处理后即可破坏其抗原性。每个有动力的菌株仅含有一种 H 抗原，且无两相变异。无鞭毛菌株或丢失鞭毛的变种则不含 H 抗原。

用大肠埃希菌诊断血清进行玻片或试管凝集试验，鉴定结果可用 O：K：H 排列表示其血清型。如 O20：K17（L）：H19，即表示该菌具有 O 抗原 20、L 型 K 抗原 17、H 抗原 19。

大肠埃希菌在自然界中可能存在数万种血清型，但致病性大肠埃希菌的血清型数量是有限的。玻片或试管凝集试验鉴定血清型是传统的方法，目前已从致病性或基因水平对大肠埃希菌进行分类。

（3）分子生物学鉴定

① 大肠埃希菌毒力因子检测：对病料分离的纯培养物可进行大肠埃希菌毒力因子检测。肠毒素包括不耐热肠毒素（LT）、耐热肠毒素（STa、STb）和志贺毒素（SLT-2e）4 种，黏附素包括 K88、K99、987P、F18、F41 等 5 种。可用煮沸法提取细菌 DNA，肠毒素及黏附素扩增引物序列、退火温度、扩增长度见表 5-1-1。

表 5-1-1 大肠埃希菌毒力因子 PCR 引物序列

引物名称	引物序列（5′—3′）	扩增长度（bp）	退火温度（℃）
STa	P₁：TCT TTC CCC TCT TTT AGT CAG P₂：ACA GGC AGG ATT ACA ACA AAG	166	
STb	P₁：TGC CTA TGC ATC TAC ACA ATC P₂：GCA GTG AGA AAT GGA CAA TG	283	54
LT	P₁：CGG CGT TAC TAT CCT CTC TA P₂：ATT GGG GGT TTT ATT ATT CC	314	
SLT-2e	P₁：AGG AAG TTA TAT TTC CGT AGG P₂：GTA TTT GCC TGA ACC GTA A	386	
K88（F4）	P₁：AAG GTC GAC ATG AAA AAG ACT CTG AAT GC P₂：AGC CTC GAG TGT AAT AAG TAA TTG CTA CGT TCA G	850	65

（续表）

引物名称	引物序列（5'—3'）		扩增长度（bp）	退火温度（℃）
K99（F5）	P₁：TGG GAC TAC CAA TGC TTC TG		450	58
	P₂：TAT CCA CCA TTA GAC GGA GC			
987P（F6）	P₁：CCG CAT TAA CAT TAG CAG TG		550	58
	P₂：TAC CTG CTG AAC GAA TAG TC			
F18	P₁：CTG AAT TCC TTG TAA GTA ACC GCC T		510	65
	P₂：GGA TCC CAG CAA GGG GAT GTT A			
F41	P₁：GAG GGA CTT TCA TCT TTT AG		431	58
	P₂：AGT CCA TTC CAT TTA TAG GC			

PCR 反应体系。共 25μl：Tax remix 12.5μl，上下游引物各 0.5μl，模板 DNA1μl，灭菌蒸馏水 10.5μl。

PCR 扩增条件。肠毒素四重 PCR 反应参数：94℃预变性 5min；94℃变性 45s；54℃退火 45s；72℃延伸 45s；35 个循环；72℃延伸 5min；4℃ 3min。黏附素 PCR 反应参数：94℃预变性 3min；94℃变性 1min；58℃或 65℃（退火温度见表 5-1-1）复性 45s；72℃延伸 1min；35 个循环；72℃延伸 10min；4℃ 3min。

② 大肠埃希菌耐药基因检测：大肠埃希菌的耐药基因包括 TEM、CTX-M、SHV、OXA，其扩增引物序列、退火温度、扩增长度见表 5-1-2。

表 5-1-2　大肠埃希菌耐药基因引物序列

引物名称	引物序列		扩增长度（bp）	退火温度（℃）
TEM	P1：GGG GAT GAG TAT TCA ACA TTT CC		861	55
	P2：GGG CAG TTA CCA ATG CTT AAT CA			
SHV	P1：GGT TAT GCG TTA TAT TCG CCT GTG		861	55
	P2：TTA GCG TTG CCA GTG CTC GAT CA			
CTX-M	P1：GGG CTG AGA TGG TGA CAA AGA G		905	58
	P2：CGT GCG AGT TCG ATT TAT TCA AC			
OXA	P1：TGA AGG GTT GGG CGA TTT		831	50
	P2：TTA GCG TTG CCA GTG CTC GAT CA			

PCR 反应体系：参考毒力因子检测。

PCR 扩增条件：94℃预变性 5min；94℃变性 45s；45s 退火；72℃ 1min，延伸；30 个循环；72℃ 10min，延伸；4℃ 3min。

第二节　沙门菌属（*Salmonella*）

沙门菌属隶属于肠杆菌科，是一群寄生于人和动物肠道内的革兰阴性杆菌，生化特性和抗原结构相似。根据 DNA 杂交技术，本菌属可分为 2 个种，分别为肠道沙门菌（*S. enterica*）和邦戈尔沙门菌（*S. bongori*）。肠道沙门菌可分为肠道亚种（*enterica*）、萨拉姆亚种（*salamae*）、亚利桑那亚种（*arizonae*）、双亚利桑那亚种（*diarizonae*）、豪顿亚种（*houtenae*）、英迪加亚种（*indica*）6 个亚种。沙门菌属的血清型已超过 2 500 种，除 20 个血清型属于邦戈尔沙门菌外，其余均属肠道沙门菌，99% 对人和动物致病的菌株属于肠道沙门菌肠道亚种（*Salmonella enterica* subsp. *enterica*）。肠道沙门菌肠道亚种有超过 1 450 种血清型，较为常见的有猪霍乱、肠炎、鸡伤寒、伤寒、副伤寒、鼠伤寒等。

在历史文献中，沙门菌的命名通常以所致疾病名称、分离菌的地名、人名等多种方式表示。目前的命名方法规定肠道沙门菌肠道亚种给予专用名，并采用标本分离地址的地名。有关沙门菌的书写形式目前国内没有明确规定，纵观全球范围也没有统一推荐的书写形式。

1. 形态染色

沙门菌的形态和染色特性与肠杆菌科大多数其他菌属相似。革兰阴性、直杆状、大小（0.7 ~ 1.5）μm×（2.0 ~ 5.0）μm，菌落直径 2 ~ 4mm。除鸡沙门菌和雏沙门菌等无鞭毛、不运动外，其他菌绝大多数具有Ⅰ型菌毛，且均以周生鞭毛运动。沙门菌属的镜检形态见图 5-2-1。

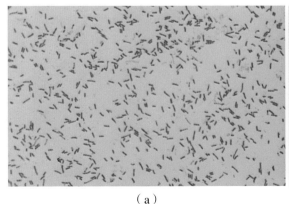
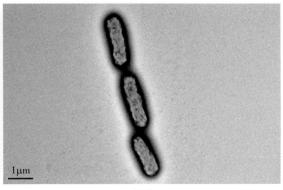

（a）　　　　　　　　　　　　　　　（b）

图 5-2-1　沙门菌属的镜检形态

（a）革兰染色，10×100 倍；（b）透射电镜图，40×100 倍

2.培养特性

（1）培养条件：沙门菌的最适宜培养温度为37℃，鸡沙门菌和雏沙门菌等少数菌能在肉汤琼脂上形成较小的菌落，生长较为贫瘠，大多数菌株在肠道杆菌鉴别培养基或选择性培养基上，形成不发酵乳糖的无色菌落，呈现S-R变异。在培养基中加入血清、葡萄糖、硫代硫酸钠、胱氨酸、甘油和脑心浸液等，均有助于本属细菌的生长。

（2）常用培养基上的生长形态：沙门菌在伊红-亚甲蓝培养基、麦康凯琼脂、血平板、营养琼脂上生长呈无色菌落（图5-2-2~图5-2-5）。在木糖赖氨酸脱氧胆酸盐琼脂平板（XLD）上生长呈淡红色、红色黑心的菌落（图5-2-6）。在脱氧胆酸盐枸橼酸盐琼脂平板（DHL）上生长呈黑心菌落（图5-2-7）。在科玛嘉显色培养基上呈紫红色菌落（图5-2-8）。

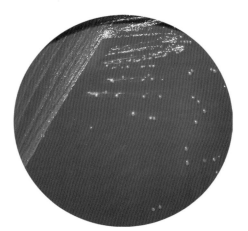

图5-2-2　伊红-亚甲蓝培养基

图5-2-3　麦康凯琼脂

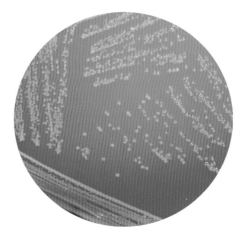

图5-2-4　血平板

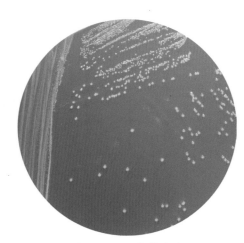

图5-2-5　营养琼脂

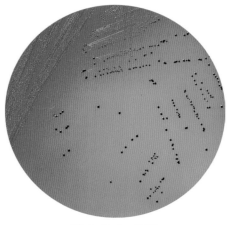

图 5-2-6　XLD

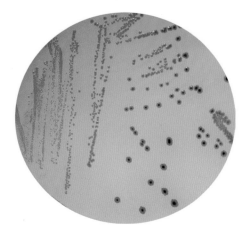

图 5-2-7　DHL 培养基

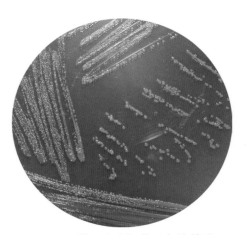

图 5-2-8　科玛嘉沙门菌显色培养基

图 5-2-9　沙门菌在三糖铁琼脂上的生长
左：产 H₂S；右：不产 H₂S

3. 生化反应

本属细菌兼性厌氧，大部分可产生过氧化氢酶，但不产生氧化酶，利用枸橼酸盐能使赖氨酸和鸟氨酸脱羧基，但对苯丙氨酸和色氨酸均不脱氨基。发酵葡萄糖产酸产气，不发酵乳糖，不能利用水杨苷、蔗糖、侧金盏花醇和棉籽糖，也不能产生 α 甲基葡萄糖苷。不产生吲哚，不分解尿素，甲基红试验呈阳性，V-P 试验呈阴性，在三糖铁琼脂上常产生 H_2S。大多数沙门菌在含铁培养基上能产生 H_2S，在三糖铁琼脂上的生长详见图 5-2-9。

沙门菌属生化试验项目较多，大多数项目是用于菌属间的区分，有些用于区分亚种，只有少数试验用于区分属内血清型。1976—1980 年，我国沙门菌菌型分布调查组对 19 729 株沙门菌所做的生化试验结果与国外报道基本一致，详见表 5-2-1。

表 5-2-1　19 729 株沙门菌的生化反应

试　验	阳　性（％）	试　验	阳　性（％）
葡萄糖产酸	100	乳糖	0.08
产气	89.24	蔗糖	0.04
阿拉伯糖	86.65	甘露醇	99.97
卫茅醇	82.88	尿素酶	0
肌醇	52.91	西蒙枸橼酸盐	90.31
鼠李糖	85.93	硝酸盐还原	100
覃糖	98.34	靛基质	0.02
木糖	97.91	V–P 试验	0
甘油	85.74	MR	100
硫化氢	94.53	丙二酸钠	0.26
明胶液化	0.02	苯丙氨酸脱氨酶	0
侧金盏花醇	0	氰化钾	0.01
水杨苷	0.12	赖氨酸脱氨酶	100
山梨醇	99.38	动力	99.9
麦芽糖	99.77		

4. 分离鉴定

（1）沙门菌属分离鉴定流程：若被检组织未污染，则直接接种于普通琼脂、血琼脂或鉴别培养基；若被检材料已被污染，则经普通预增菌培养基培养后，再进行选择性增菌培养基进行增菌，然后再用鉴别培养基分离培养。普通预增菌培养基常选用蛋白胨水；选择性增菌培养基常选用亚硫黄酸盐增菌液、亚硒酸盐增菌液、亮绿 – 胆盐 – 四硫黄酸钠肉汤以及亮绿 – 胱氨酸 – 亚硒酸氢钠增菌液等；鉴别培养基常用伊红 – 亚甲蓝、麦康凯、去氧胆盐钠 – 枸橼酸盐、SS 和 HE 等培养基，某些情况下可选用亮绿中性红和亚硫酸铋等琼脂培养基。大肠杆菌发酵乳糖，而多数沙门菌不发酵乳糖，在颜色上可做区分。

　　分离鉴定时，在鉴别培养基上挑取待检菌落分别作纯培养，同时分别接种尿素琼脂培养基和三糖铁（TSI）琼脂，37℃培养24h。若培养反应结果与沙门菌特征相符，取TSI琼脂培养物或与其相应菌落的纯培养物再进行O抗原群和沙门菌生化特性的鉴定，可采用O抗原单因子血清做进一步的血清型分型。沙门菌的分离鉴定程序详见图5-2-10。

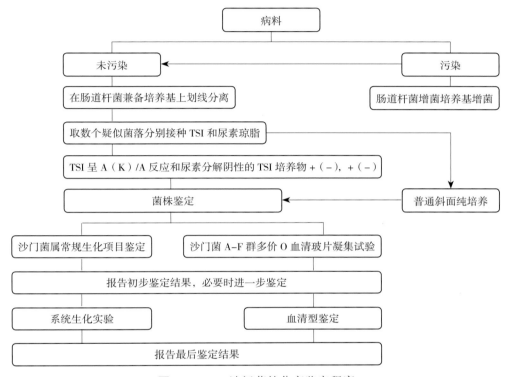

图 5-2-10　沙门菌的分离鉴定程序

（2）生化鉴定

　　① 沙门菌属与其他相似细菌的鉴别：沙门菌属与其他相似均属的鉴别见表5-2-2。在沙门菌属中有几个血清型的抗原式是相同的，但分类为不同的血清型，因为这些型之间有很明显的生化差异，本书着重介绍O：7群具有相同抗原式（6，7：c：1，5）血清型的生化区别，见表5-2-3。

　　目前已经有包括分子生物学在内的诸多技术能够用来更准确地鉴别沙门菌，但是作为分类学经典的理论和实践的一部分，亚种间生化表型的鉴别意义要大于同菌群中的几个不同血清型的鉴别。

　　② 沙门菌血清型鉴定：沙门菌属具有O、H、Vi三类性质不同的抗原。O抗原是细菌脂多糖的最外层结构，为耐热性菌体抗原，由多糖-磷脂复合物组成，对乙醇和弱酸有耐

表 5-2-2　沙门菌属与其他相似菌属的鉴别

试验或培养基	埃希菌属	志贺菌属	沙门菌属	克雷伯菌属	爱德华菌属	变形菌属	耶尔森菌属
吲哚	+	V	–	–	V	V	V
甲基红	+	+	+	V	+	+	+
V-P	–	–	–	V	–	V	–
枸橼酸盐利用	–	–	+	V	–	V	–
葡萄糖产气	+	–	+	V	+/–	V	–
乳糖	+/–	–	–b	V	–	–	–
麦芽糖	+	V	+	+	+	V	+
甘露糖	+	V	+	+	V	V	+
蔗糖	V	V	–	+	V	V	V
H₂S（TSI）	–	–	+/–	–	V	+	–
尿毒酶	–	–	–	V	–	V	V
动力	+/–	–	+	–	+	+	–
苯丙氨酸脱氨酶	–	–	–	–	–	V	–
赖氨酸脱羧酶	V	–	+	+/–	+	V	–
鸟氨酸脱羧酶	V	–/+	+	–	+	V	V
精氨酸双水酶	–	–	+/–	–	–	–	–
明胶液化（22℃）	–	–	–	–	–	+/–	–
KCN 抵抗力	–	–	V	+	–	+	–
丙二酸盐利用	–/+	–	+/–	+/–	–	–	–
水杨苷	V	–	–	+	–	V	V
侧金盏花醇	–/+	–	–	+	–	–	–
卫矛醇	+/–	–	+/–	V	–	–	–
间肌醇	–	–	V	+	–	–	V
D- 山梨醇	V	+/–	+	V	–	–	V
L- 阿拉伯糖	+	+/–	+	+	V	–	+
棉籽糖	V	–/+	–	+	–	–	+

（续表）

试验或培养基	埃希菌属	志贺菌属	沙门菌属	克雷伯菌属	爱德华菌属	变形菌属	耶尔森菌属
L 鼠李糖	+	V	+	+	−	−	+/−
D 木糖	+	−	+	+	−	V	+
海藻糖	+	+	+	+	−	+	+
七叶苷水解	V	−	−	+	−	−	V
黏液酸盐	+/−	−	+	V	−	−	−
氧化酶	−	−	−	−	−	−	−
ONPG	+/−	V	V	+	−	−	+
（G+C）mol%	48 ~ 52	49 ~ 53	50 ~ 53	53 ~ 58	53 ~ 59	38 ~ 41	46 ~ 50

表 5-2-3　O：7 群具有相同抗原式（6，7：c：1，5）血清型的生化区别

试验或基质	猪霍乱阳性（%）	猪伤寒阳性（%）
硫化氢	60（10）	92（8）
枸橼酸盐利用	60（30）	0
赖氨酸脱羧酶	95	0
精氨酸双水解酶	0（95）	0（92）
阿拉伯糖	0	100
覃糖	0	92
卫茅醇	5（25）	0（100）
山梨醇	85（15）	0
D- 酒石酸盐	95	0
L- 酒石酸	0（85）	0
I- 酒石酸	0（35）	0

受性；H 抗原是细菌鞭毛的纤维结构，不耐热；Vi 抗原又称荚膜多糖抗原，仅存在于伤寒和丙型副伤寒等少数特定血清型中。因此，一般情况下仅鉴定 O 抗原和 H 抗原即可确定沙门菌相应血清型。目前可通过采购商品化的沙门菌分型诊断血清来确定细菌抗原组成，即鉴定其血清型。

沙门菌血清型鉴定可用沙门菌属诊断血清通过凝集试验来进行确定。做 O 抗原鉴定时，可用普通琼脂培养物做玻片凝集试验；鉴定 H 抗原时，应使用新制备的 0.8%～1.1% 软琼脂培养物，以免因鞭毛生长不良而导致假阴性反应。血清应严格按生产厂家的使用说明中规定的操作程序进行试验。玻片凝集试验应先做 O 多价血清，再做 O 单价血清，确定 O 群后再做 H 多价血清及 H 单价血清。从效率上讲，先直接用较常见的 O 抗原 4、7、9、10、11、19 因子分 1 次或 2 次集中进行玻片凝集；若存在交叉凝集现象者，以肉眼判断，凝集颗粒粗、背景清者为标准确定血清群；以上若不凝集者，用剩余的"O" 8 因子；仍然不凝集者，再用 A–F 多价血清重新进行确认。H 相位主要依靠"H"多价不同的组成进行。如果遇到"H"因子血清交叉凝集时，要综合比较血清凝集的颗粒、相关血清型是否属于较为常见的型别、是否有辅助生化指标来鉴别发生交叉凝集现象血清型的差异。

（3）分子生物学鉴定

① 沙门菌核酸检测方法：沙门菌核酸检测方法有多种，但商品化的用于检测的只有 DNA 探针、PCR 和噬菌体技术 3 种。

DNA 探针技术：已经被开发用于多种食源性病原菌的检测，探针技术检测的对象主要是 rRNA，具有高灵敏度的特点。GENE-TARK 检测试剂将 DNA 杂交技术和酶联免疫检测技术（EIA）结合在一起对包括沙门在内的多种病原菌进行检测。GEN-PROBE 的 AccuProbe 及 acne 试剂是一种杂交保护试剂，采用一个化学发光标记的单链探针与 16SrRNA 的特定序列进行杂交。AccuProbe 试剂主要用于细菌纯培养分离物的鉴定。

聚合酶链式反应（PCR）：可采用商品化的试剂盒进行沙门菌的检测，也可以针对 16SrRNA 设计引物建立 PCR 方法。PCR 方法可在 2h 内把 1 个单拷贝 DNA 扩增 100 万倍，具有快速、特异的特点。

噬菌体技术：有一种噬菌体检测方法是用于沙门菌属检测的细菌冰成核诊断（BIND）技术。BIND 方法检测灵敏度最低可达 20 CFU/ml，但一般在 $10^2 \sim 10^4$ CFU/ml 之间，取决于所检测沙门菌血清型的不同。

② 沙门菌抗体检测方法：包括乳胶凝集、免疫扩散、免疫沉淀、ELISA、免疫磁珠分离 5 种方法。

乳胶凝集（LA）：虽然 LA 检测沙门菌属已得到认可，但检测前需要进行多步骤的增菌，而且有时候悬浮的颗粒也会影响对凝集结果的判断。LA 主要用于分离菌落进行快速血清学鉴定。

免疫扩散：是一种简单的检测病原菌的抗体检测方法。目前使用这种方法的商品化试剂只有沙门菌 1～2 检测方法。当扩散的抗体接触到鞭毛抗原时，就会形成一条肉眼可见的沉淀带，这种方法不能检测出不能运动的沙门菌。

酶联免疫吸附试验（ELISA）：是最常用的抗体检测方法。目前商品化的 ELISA 试剂盒已非常成熟，对细菌的检测灵敏度为 $10^4 \sim 10^5$ CFU/ml，但在检测前必须进行增菌培养。

免疫磁珠分离（IMS）：在检测沙门菌的过程中，特异性抗体与磁性颗粒或微球偶联后可用来捕捉增菌培养基中的目标菌。目前有富集免疫磁珠全自动仪器完成这一过程，通过 IMS 纯化的细菌可以转种到选择培养基上进一步检测，也可以通过血清学、基因学或其他方法进行鉴定。

③ 毒力基因和耐药基因检测：毒力基因作为菌体的遗传物质，其编码产生的相关毒力蛋白会影响菌体的耐受能力及毒性，编码产生相关毒力蛋白的毒力基因多数位于毒力岛上，少数位于毒力质粒上。可参照国外文献用 PCR 方法检测沙门菌属毒力岛核心蛋白基因：*inv*A、*org*A、*prg*H、*spa*N（*inv*J）、*tol*C、*sip*B、*pag*C、*msg*A、*spi*A、*sop*B、*lpf*C、*pef*A、*spv*B、*sif*A。其中，*inv*A、*org*A、*prg*H、*spa*N（*inv*J）、*tol*C、*sip*B、*pag*C、*msg*A、*spi*A、*sop*B、*lpf*C、*pef*A、*spv*B、*sif*A 编码的蛋白与侵袭特性有关；*sit*C 和 *iro*N 对毒力很重要，且与铁元素的摄取有关；*pef*A、*iro*n、*cdt*B、*sip*B 和 *spa*N（*inv*J）在小鼠模型中对沙门菌毒力的完整性是必需的。

沙门菌的耐药问题日益严重，给沙门菌病的预防和控制带来很大困扰。可用 PCR 方法对沙门菌的 I 类整合酶基因 *Intl* I 和 13 个耐药基因进行检测，包括 β 内酰胺酶类抗生素耐药基因 *bla*TEM、*bla*PSE、*bla*OXA、*bla*CMY；喹诺酮类抗生素耐药基因 *qnr*A、*qnr*B、*qnr*S、*qnr*C、*qnr*D；磺胺类抗生素耐药基因 *sul*1、*sul*2；氯霉素类抗生素耐药基因 *cat* I 和氨基糖苷类抗生素耐药基因 *aac*（6'）–Ib–cr。引物序列和退火温度见参考文献。

④ 分子分型检测：沙门菌主要依靠细菌表型（如血清）或生化进行分型，但在对同一血清型不同菌株间的同源性鉴定方面，比如是否为暴发或是散发的同源株或仅仅表现为相同血清型但流行病学为不相关的克隆株，传统的实验室分型方法已无能为力。

近年来，以脉冲场凝胶电泳（pulsed field gel electrophoresis，PFGE）技术为基础的分子生物学分型方法广受重视，被认为是进行分子分型的可信方法之一。PFGE 是对细菌的整个基因组进行分析，具有区分能力强、重复性好、结果稳定、易于标准化等优点。它为确定菌株之间的亲缘关系提供了可靠的技术手段，被广泛应用于菌种的分子流行病学研究。其操作步骤如下。

a. 细菌处理：用灭菌棉拭子取适量细菌悬浮于 3ml 细胞悬浮液中，用比浊仪调整细菌的浓度，使其麦氏单位达到 4.0 ~ 4.2。

b. 制备胶块：取 200μl 细菌悬浮液于 2ml Eppendorf 管中，置于 37℃水浴中孵育 5min。每管加入 20μl 蛋白酶 K（储存液浓度为 20mg/ml），使其终浓度为 0.5mg/ml。加入 200μl 已融化并在 56℃水浴平衡 30min 的 1% Seakem Gold 琼脂糖溶液（含 1% SDS），用移液器加入胶块制备模具中。

c.细菌裂解：在 50ml 的离心管中加入 5ml 细胞裂解液，然后再加入 25μl 浓度为 20mg/ml 的蛋白酶 K，使其终浓度为 0.1mg/ml。从模具中取出细菌包埋胶块放入离心管中，55℃摇床中孵育 2h，摇床转速为 170r/min。

d.洗涤胶块：倒掉混合液，加入 10ml 50℃预热的超纯水，50℃摇床洗涤 10min，洗涤 2 次，用 TE 缓冲液同样条件洗涤 4 次。

e.XbaⅠ酶切：在 2ml Eppendorf 管中加入 200μl 缓冲液，将洗涤过的胶块切成 2mm 宽的胶条，放入缓冲液中 37℃孵育 10min，弃缓冲液，加入 200μl 酶切溶液，37℃孵育 2h，弃酶切液。加入 200μl 0.5×TBE 电泳缓冲液平衡 5min。

f.加样：第 1、5、10 齿各加 1 个标准株 H9812 胶块作为 Marker，其余齿加样品胶块。将梳子放入胶槽，确保所有的胶块在一条线上。调整齿子高度，使梳齿与胶槽底部接触，缓慢倒入 100ml 在 55℃水浴平衡 0.5h 以上的 1%Seakem Gold 琼脂糖溶液。

g.电泳：加 2.0～2.2L 0.5×TBE 电泳缓冲液，电泳时间 19h，电泳温度 14℃，调整初始电流为 120～140mA。

h.染色：电泳后将胶放入 Gelred 染液（加入 1mol/L NaCl）中染色 30min，然后用去离子水脱色 1h。

i.成像及分析：用凝胶成像仪成像，并将结果用 BioNumerics 分析软件进行分析。

第三节　其他肠杆菌科细菌

肺炎克雷伯菌（*K. pneumoniae*）

肺炎克雷伯菌归类于克雷伯菌属（*Klebsiella*），为典型的肠杆菌科细菌，有肺炎亚种（*pneumoniae*）、臭鼻亚种（*ozaenae*）和鼻硬结亚种（*rhinoscleromatis*）3 个亚种。本菌在所有哺乳动物中常见，可引起马子宫炎、奶牛乳腺炎、皮肤脓肿等症状；人体主要存在于肠道和呼吸道，可引起支气管炎、肺炎、尿路感染等，甚至导致败血症、脑膜炎。

1. 形态染色

革兰阴性直杆菌，大小（0.3～1.0）μm×（0.6～6.0）μm，呈单个、成对或短链排列，常包裹一层荚膜，多数有菌毛，无运动性，见图 5-3-1。

2. 培养特性

（1）培养条件：兼性厌氧。对营养要求不高，普通琼脂即可生长。

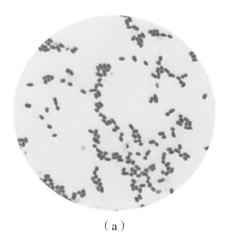
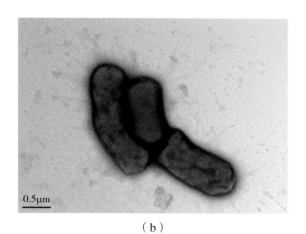

（a）　　　　　　　　　　　　　　　　（b）

图 5-3-1　肺炎克雷伯菌的镜检形态

（a）革兰染色；（b）透射电镜图

（2）常用培养基上的生长形态：在血平板形成圆形、凸起、光滑、湿润、黏稠、不溶血的大菌落，相邻菌落易发生融合，用接种环挑起呈长丝状（图 5-3-2）。在木糖赖氨酸脱氧胆酸盐琼脂平板（XLD）上呈黏液样黄色菌落（图 5-3-3）。在麦康凯琼脂平板生长良好，形成粉红色菌落（图 5-3-4）。在伊红美兰琼脂平板上可形成黑色菌落（图 5-3-5）。

3. 生化反应

氧化酶试验阴性，过氧化氢酶试验阳性，发酵葡萄糖、乳糖等多种糖类，三糖铁斜面为 A/A，硝酸盐还原、脲酶和赖氨酸脱羧酶试验阳性，动力试验阴性。

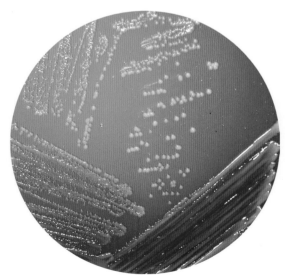
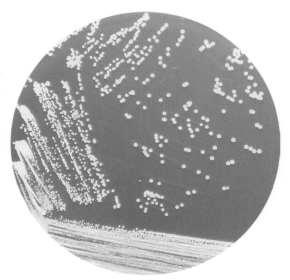

图 5-3-2　绵羊血琼脂　　　　　　　　　　　图 5-3-3　XLD

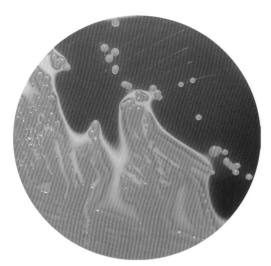

图 5-3-4　麦康凯琼脂

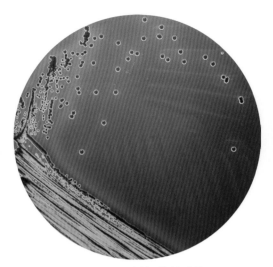

图 5-3-5　伊红美兰琼脂

4. 分离鉴定

（1）分离鉴定流程同大肠埃希菌。

（2）生化鉴定

① 克雷伯菌属内菌种的鉴别参见表 5-3-1。

表 5-3-1　克雷伯菌属内常见细菌的鉴别

特　征	肺炎克雷伯菌 *K. pneumoniae*	运动 克雷伯菌 *K. mobilis*	产酸 克雷伯菌 *K. oxytoca*	植生 克雷伯菌 *K. planticola*	土生 克雷伯菌 *K. terrigena*	解鸟氨酸克雷伯菌 *K. ornithinolytica* （地位未定）
运动性	−	+	−	−	−	−
5℃生长	−	+	−	+	+	+
41℃生长	+	+	+	d	−	+
吲哚试验	−	−	+	d	−	+
鸟氨酸脱羧酶	−	+	−	−	−	+
龙胆酸盐	−	+	+	−	d	−
组胺	−	(+)	−	+	d	d
3-羟基苯甲酸	−	+	+	−	(+)	−
D-松三糖	−	−	d	−	+	−

注：部分引自《伯杰氏细菌系统分类学手册》（第二版）卷二第 687 页。符号：+，95% ~ 100% 的菌株阳性（利用测试 1 ~ 2 天或其他测试 1 天）；(+)，95% ~ 100% 的菌株阳性（1 ~ 4 天）；−，95% ~ 100% 的菌株阴性（4 天）；d，不确定。

② 肺炎克雷伯菌各亚种的鉴别：肺炎亚种的临床株可产生超广谱 β - 内酰胺酶，臭鼻亚种主要与臭鼻症其他慢性呼吸道疾病相关，鼻硬结亚种则常见于患鼻硬结病的病人。三者生化反应的差异见表 5-3-2。

表 5-3-2　肺炎克雷伯菌各亚种的生化特性

特　　征	肺炎亚种	臭鼻亚种	鼻硬结亚种
尿素水解	+	d	−
ONPG	+	+	−
V-P 试验	+	−	−
丙二酸盐	+	−	+
赖氨酸脱羧	+	d	−
葡萄糖脱氢酶	+	+	−
葡萄糖酸脱氢酶	+	−	−
D- 丙氨酸	+	+	−
D- 半乳糖醛	+	+	−
D- 葡萄糖醛酸	+	+	−
4- 羟基苯甲酸	+	−	−
乳果糖	+	d	−
麦芽糖醇	+	+	−
1-O- 甲基 - β - 半乳糖苷	+	+	−
1-O- 甲基 - α -D- 葡糖苷	d	+	−
黏酸盐	+	d	−
帕拉金糖	+	+	−
原儿茶酸	+	d	−
奎尼	+	d	−

注：部分引自《伯杰氏细菌系统分类学手册》(第二版) 卷二第 687 页。符号：+，95% ~ 100% 的菌株阳性（利用测试 1 ~ 2 天或其他测试 1 天）；−，95% ~ 100% 的菌株阴性（4 天）；d，不确定。

（3）商品化生化鉴定试剂及鉴定系统：在使用商品化鉴定试剂及鉴定系统鉴定时可能出现"低鉴定率"，需要附加生化试验才能显著提升其鉴定准确率。

（4）MALDI-TOF MS 鉴定：随着基质辅助激光解析电离 - 飞行时间质谱（MALDI-TOF

MS）技术的普及，已被越来越多的应用于临床实验室（图 5-3-6），并已经过多个中心的研究和评估，检测结果是可靠的。

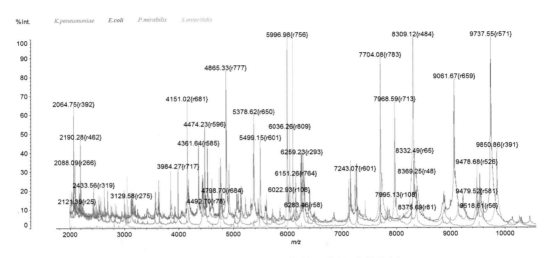

图 5-3-6　多种肠杆菌科细菌的质谱分析

第六章
巴氏杆菌科及黄杆菌科

第一节　巴氏杆菌属（*Pasteurella*）

细菌学分类学上，巴氏杆菌属（*Pasteurella*）归属于巴氏杆菌科，已报道的本属细菌有20多种，与动物相关的有多杀性巴氏杆菌、溶血性巴氏杆菌、产气巴氏杆菌、犬巴氏杆菌、鸡巴氏杆菌等，其中多杀性巴氏杆菌是本属中最重要的畜禽致病菌，对鸡、鹅、猪、牛、兔等都可致病，引起如猪肺疫、禽霍乱、兔巴氏杆菌病等。本属细菌在形态上相似，为革兰阴性卵圆形或球杆状小杆菌。

多杀性巴氏杆菌（*P. multocida*）

该菌在自然界分布广泛，在同种或不同种动物间可以相互传染。该菌主要通过接触传播，蜱和跳蚤是自然传播的媒介昆虫。1994年该菌被列为3个亚种，分别为多杀亚种、败血亚种和杀禽亚种。

1. 形态染色

革兰阴性、两端钝圆的细小短杆菌或球杆菌（图6-1-1），大小为（0.25 ~ 0.4）μm ×（0.5 ~ 2.5）μm，常单个存在，有时成双排列，无鞭毛和芽孢（图6-1-2）。病料涂片，用瑞氏或亚甲蓝染色时，可见菌体多呈两端浓染、中央部分着色较浅的典型两极着色，常有荚膜（图6-1-3）。

2. 培养特性

（1）培养条件：需氧或兼性厌氧菌，最适温度为35 ~ 37℃。对营养要求较高，在营养琼脂培养基上生长贫瘠，在加有血清、血液的培养基中生长良好。

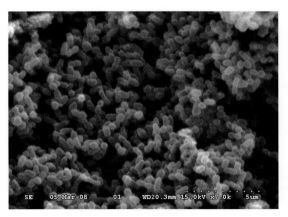

图6-1-1　多杀性巴氏杆菌电镜照片

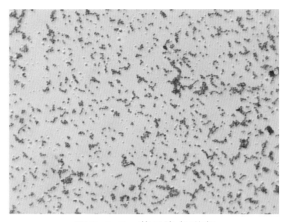

图 6-1-2　革兰染色形态

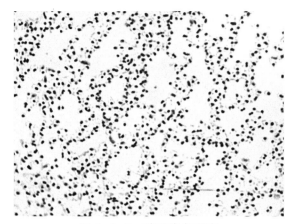

图 6-1-3　瑞氏染色形态

（2）常用培养基上的生长形态：在血平板（胰蛋白大豆琼脂、改良马丁琼脂、脑心浸液琼脂、哥伦比亚琼脂等均可）上 37℃ 培养 24h，呈湿润的露滴样小菌落或光滑的圆形菌落，菌落黏稠，不溶血（图 6-1-4）。从病料中新分离的强毒菌株为较大的黏液型菌落（图 6-1-5），具有荚膜。在麦康凯培养基上不生长。

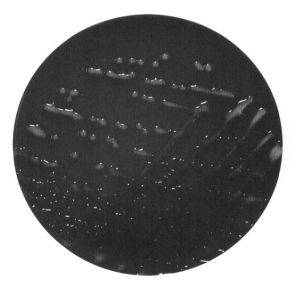

图 6-1-4　多杀性巴氏杆菌在血平板上的
菌落形态

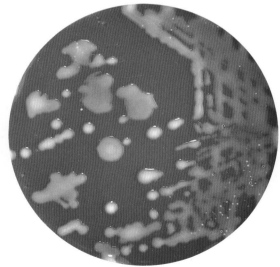

图 6-1-5　多杀性巴氏杆菌在巧克力平板上的
菌落形态

不同菌株在血琼脂平板上形成 3 种不同类型。

① 黏液型菌落（M 型）：菌落大而黏稠，边缘呈流动状，荧光较好，菌体有荚膜，从慢性病例或带菌动物病料中可分离到。

② 光滑型菌落（S 型）：菌落中等大小，对小白鼠毒力强，菌体有荚膜，可从急性病例中分离到。

③ 粗糙型菌落（R 型）：菌落小，分散，干，难乳化，菌体无荚膜，能自凝。

（3）血清肉汤培养：轻度混浊，试管底部出现黏稠状沉淀物，表面形成菌环。

（4）明胶穿刺培养：沿穿刺孔呈线状生长，上粗下细（图 6-1-6）。

（5）三糖铁培养基：无黑色 H_2S 产生（图 6-1-7）。

图 6-1-6　多杀性巴氏杆菌明胶穿刺生长状况 　　图 6-1-7　多杀性巴氏杆菌在三糖铁培养基上生长状况

左侧：接种多杀性巴氏杆菌；右侧：空白对照

（6）改良马丁琼脂培养：不同来源的菌株因所含荚膜物质的差异，在改良马丁琼脂平板（4% 血清和 0.1% 血红素）上培养 18～22h 后，在 45° 折射光下用低倍显微镜观察，可呈现不同的荧光色泽。根据折射出荧光的色泽，将菌落分为 Fg 型、Fo 型和 Nf 型 3 个型。具体差异见表 6-1-1。

3. 生化反应

本菌培养可分解葡萄糖、蔗糖、甘露糖、果糖和半乳糖，产酸不产气。大多数菌株可发酵甘露醇、山梨醇和木糖。一般不发酵乳糖、鼠李糖、杨苷、肌醇、菊糖、侧金盏花醇。可形成靛基质，触酶和氧化酶均为阳性，甲基红试验和 V-P 试验均为阴性，石蕊牛乳无变化，不液化明胶，不产生硫化氢。与同属其他菌的生化反应差异详见表 6-1-2。

表 6-1-1　多杀性巴氏杆菌不同菌落的主要特征

特　征	菌　落		
	Fg 型	Fo 型	Nf 型
菌落 45°折射光下观察	蓝绿色荧光，边缘有狭窄红黄光带	橘红色荧光，边缘有乳白色光带	与 Fo 型相似，但光泽淡
菌体形态	两级着色的短杆菌和球杆状	与 Fg 型相同	与 Fg 型相同
生化特性	发酵木糖，不发酵阿拉伯糖	发酵阿拉伯糖，不发酵木糖	与 Fg 型基本相同
毒力	对猪、牛、羊毒力强	对禽类毒力强	对小鼠有毒力，差异大

表 6-1-2　巴氏杆菌属几个种的生化特性

菌　名	氧化酶	触酶	β溶血	麦康凯培养基	吲哚	脲酶	鸟氨酸脱羧酶	24～28h 产酸					
								葡萄糖	乳糖	蔗糖	麦芽糖	甘露醇	海藻糖
产气巴氏杆菌 *P. aerogenes*	+/-	+	-	+	-	+	(+)	+	(-)	+	+	-	-
多杀性巴氏杆菌 *P. multocida*	+	+	-	-	+	-	(+)	+	(-)	+	(-)	(+)	+/-
鸭巴氏杆菌 *P. anatis*	+	+	-	-	+	-	+	+		+	+	+	+
禽巴氏杆菌 *P. avium*	+	+	-	-	-	-	+				+		+
贝氏巴氏杆菌 *P. bettii*	-	+/-	-	+							+/-		
马巴氏杆菌 *P. caballi*	+	-	-		-	+/-	+*	+	ND	(+)	+	+	+
犬巴氏杆菌 *P. canis*	+	+	-	-	+/-	-	+			ND	ND		+/-
咬伤巴氏杆菌 *P. dagmatis*	+	+	-	-	+	-		+*		-		+	+
鸡巴氏杆菌 *P. gallinarum*	+	+	(-)	-	-		+/-	+		(+)		+	
买氏巴氏杆菌 *P. mairi*	+	+	+	+/-	-	+		(-)	+	+/-	(+)	(-)	
嗜肺巴氏杆菌 *P. pneumotropica*	+	+	-	(-)	(+)	+	+		(+)				(+)
禽源巴氏杆菌 *P. volantium*	+	+	-	-	-	-	+/-	+	-	ND	+	+	+

注:( )，大多数菌株；*，产气；ND，无记载；+/-，21%～79%阳性。

4. 分离鉴定

（1）多杀性巴氏杆菌分离鉴定流程：采取渗出液、心血、肝、脾、淋巴结等新鲜病料涂片或触片，以碱性亚甲蓝或瑞氏染色液染色，显微镜镜检是否有典型的两极着色的短杆菌。病料须接种血琼脂平板在 5% CO_2 培养箱或烛缸中分离培养，急性死亡病例的病料可在含血清的马丁肉汤、TSA 中 36℃增菌培养 24～48h，取肉汤培养物接种血琼脂平板进行分离培养，疑似菌落接种三糖铁培养基和麦康凯培养基，在三糖铁培养基上底部变黄、不产生硫化氢，而在麦康凯培养基上不生长、不溶血可初步确定，再选择商品化试剂进行细菌鉴定。具体流程见图 6-1-8。

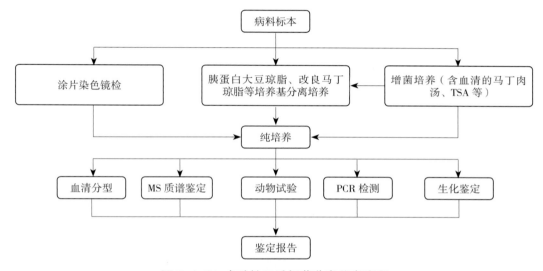

图 6-1-8　多杀性巴氏杆菌分离鉴定流程

（2）多杀性巴氏杆菌血清分型：本菌以其荚膜抗原和菌体抗原区分血清型，荚膜抗原有 6 个型，用大写英文字母表示；菌体抗原有 16 个型，用数字表示。我国禽源多杀性巴氏杆菌以 5：A 为主，猪以 5：A 和 6：B 为主，E 型不常见。其中，A、B 两型毒力最强，D 型毒力较弱。

（3）毒力试验：用马丁肉汤培养物，稀释菌液浓度为 10^3CFU/ml，皮下注射小白鼠 4 只，每只 0.2ml，同时设阴性对照。观察 3～5 天，阴性对照成立，试验组全部死亡为阳性。死后取其肺进行涂片，用亚甲蓝染色或瑞氏染色后镜检或接种血琼脂平板后再证实。

（4）PCR 检测：对从病料分离的纯培养物进行多杀性巴氏杆菌产毒素、荚膜 A 型、B 型和 D 型的 PCR 检测。用煮沸法提取细菌 DNA，反应体系和条件参照《猪巴氏杆菌病诊断技术》（NY/T 564—2016）。

① 多杀性巴氏杆菌 PCR 扩增条件：95℃变性 5min，95℃变性 30s，55℃退火 30s，72℃

延伸 1min，30 个循环；72℃延伸 10min。

② 产毒素多杀性巴氏杆菌 PCR 扩增条件：95℃变性 5min，95℃变性 30s，50℃退火 1min，72℃延伸 1min，30 个循环；72℃延伸 7min。

③ 多杀性巴氏杆菌荚膜多重 PCR 扩增条件（A 型、B 型和 D 型）：95℃变性 10min，95℃变性 30s，55℃退火 30s，72℃延伸 1min，30 个循环；72℃延伸 10min。

表 6-1-3　多杀性巴氏杆菌 PCR 引物序列

引物名称		引物序列（5′—3′）	退火温度（℃）	片段大小（bp）
多杀性巴氏杆菌（Pm）		P1：ATC CGC TAT TTA CCC AGT GG	55	460
		P2：GCT GTA AAC GAA CTC GCC AC		
产毒素多杀性巴氏杆菌（T+Pm）		P1：CTT AGA TGA GCG ACA AGG	50	810
		P2：ACA TTG CAG CAA ATT GTT		
多杀性巴氏杆菌荚膜定型基因	A 型（PmA）	P1：TGC CAA AAT CGC AGT CAG	55	1 044
		P2：TTG CCA TCA TTG TCA GTG		
	B 型（PmB）	P1：CAT TTA TCC AAG CTC CAC C		760
		P2：GCC CGA GAG TTT CAA TCC		
	D 型（PmD）	P1：TTA CAA AAG AAA GAC TAG GAG CCC		657
		P2：CAT CTA CCC ACT CAA CCA TAT CAG		

第二节　放线杆菌属（*Actinobacillus*）

在细菌学分类学上，放线杆菌属归于巴氏杆菌科，包括猪胸膜肺炎放线杆菌、驹放线杆菌、林氏放线杆菌等，是一类革兰阴性、兼性厌氧杆菌。其中，猪胸膜肺炎放线杆菌是猪的重要致病菌。

猪胸膜肺炎放线杆菌（*A. pleuropneumoniae*）

猪胸膜肺炎放线杆菌以前被称为副溶血嗜血杆菌，自 1983 年起划归为放线杆菌属，改名猪胸膜肺炎放线杆菌，常引起猪传染性胸膜肺炎，是集约化养猪场常见的猪病之一。

1. 形态染色

革兰阴性小球杆菌，具多形性，有时呈散在的线状或丝状。新鲜病料呈两极染色，有荚膜和鞭毛，具有运动性（图6-2-1）。

2. 培养特性

兼性厌氧，初次分离应接种在含辅酶I（NAD）的血琼脂平板或巧克力琼脂平板。在绵羊血琼脂平板上，5% CO_2 培养箱中37℃培养24～48h可产生稳定的 β 溶血，呈露珠样、半透明菌落（图6-2-2）；在巧克力琼脂平板上为边缘整齐、隆起的灰白菌落（图6-2-3）；在10% CO_2 培养箱中培养可长

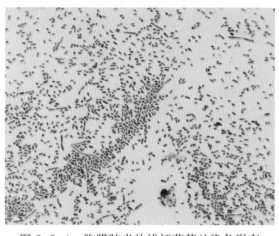

图6-2-1 胸膜肺炎放线杆菌革兰染色形态

出黏液性菌落。根据其对NAD的依赖性，又分为生物I型和II型。I型依赖NAD，需添加V因子，常用巧克力培养基或含NAD的绵羊血琼脂平板培养；II型不依赖NAD，在绵羊血平板上可产生稳定的 β 溶血，金黄色葡萄球菌可增强其溶血圈（CAMP试验阳性）（图6-2-4）。多数菌株靠近表皮葡萄球菌的菌落较大，与表皮葡萄球菌生长线的距离增加而变小或不生长，即卫星现象（图6-2-5）。

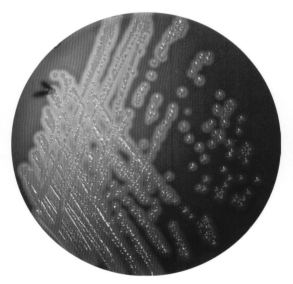

图6-2-2 胸膜肺炎放线杆菌在血平板上（含NAD）菌落形态

图6-2-3 胸膜肺炎放线杆菌在巧克力平板上菌落形态（24h）

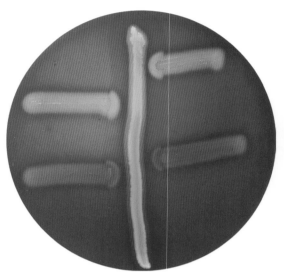

图 6-2-4　胸膜肺炎放线杆菌 CAMP 试验阳性

图 6-2-5　胸膜肺炎放线杆菌卫星现象

3. 生化反应

乳糖、蔗糖、麦芽糖、甘露醇、山梨醇、过氧化氢酶、尿素酶阳性；枸橼酸盐、MR、V-P 试验阴性，详见表 6-2-1。需注意胸膜肺炎放线杆菌在进行生化试验时必须在相应的生化管中添加 V 因子。

表 6-2-1　放线杆菌属成员的生物学特性

菌　　种	溶血	葡萄球菌 CAMP	荚膜	触酶	麦康凯琼脂生长	脲酶	水解七叶苷	产　　酸				
								水杨苷	甘露醇	肌醇	阿拉伯糖	海藻糖
关节炎放线杆菌	−	ND	ND	+	−	+	+	ND	+	ND	V	−
海豚放线杆菌	−	ND	ND	−		−	ND		+	−	ND	
驹放线杆菌马亚种	V	−	−	V	+	+	+	+	+	+	+	+
驹放线杆菌溶血亚种	+	+	ND	+	V	+	(−)	(+)	(−)	−	(−)	+
放线杆菌基因种 1 型	−	ND	ND	(+)	V	+	+	+	+	−	(−)	+
放线杆菌基因种 2 型	−	ND	ND	+	V	+	+	+	+	−	V	+
人放线杆菌	−	ND	ND	−		−	V	+	+	+	+	+
林氏放线杆菌	−	−	−	+	+	+	−	+*	+	+	+*	+
鼠放线杆菌	−	ND	ND	+	−	+	+*	−	+	+	+	+

（续表）

菌　种	溶血	葡萄球菌CAMP	荚膜	触酶	麦康凯琼脂生长	脲酶	水解七叶苷	产　酸				
								水杨苷	甘露醇	肌醇	阿拉伯糖	海藻糖
胸膜肺炎放线杆菌	+	+	+	V	−	+	−	−	−	+	−	−
豚放线杆菌	−	ND	ND	−	−	−	ND	V	V	V	ND	V
罗氏放线杆菌	V	ND	ND	+	（+）	+	−	V	+	−	+	−
精液放线杆菌	−	ND	ND	+	−	−	V	−	−	−	V	−
猪放线杆菌	+	ND	ND	+	+	+	+	+	−	+	（+）	−
脲放线杆菌	+	ND	ND	V	V	+	−	−	+	+	−	−

注：V，变化不定；( )，大多数菌株；*，迟缓反应；ND，无资料。

4. 分离鉴定

（1）胸膜肺炎放线杆菌分离鉴定流程：将病料接种巧克力琼脂或添加 NAD 血琼脂平板，置 5% CO_2、37℃恒温箱培养 24h，如有溶血小菌落生长，涂片镜检为革兰阴性、两极染色的球杆菌，需进一步做 CAMP 试验，检测其脲酶活性及甘露醇发酵能力，然后再选择商品化试剂进行细菌鉴定，具体流程见图 6-2-6。

（2）血清分型：目前将本菌分为 15 个血清型，Ⅰ型依赖 NAD，包括 1～12 及 15 血清型；Ⅱ型不依赖 NAD，含 13、14 型。由于 LPS 侧链及结构的相似性，某些型之间存在抗原性交叉。1、5、9、11 型血清型的毒力最强，3 和 6 型毒力低。

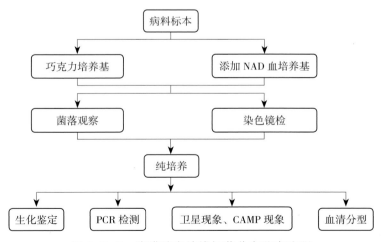

图 6-2-6　胸膜肺炎放线杆菌分离鉴定流程

（3）鉴别：胸膜肺炎放线杆菌与副猪嗜血杆菌非常相似，鉴别见表6-2-2。

（4）PCR检测：对病料分离的纯培养物可进行PCR检测，可用煮沸法提取细菌DNA，扩增片段长度449bp。

① 引物序列：APP-F：5′-CGTATTTGGCACTGACGGCGA-3′

APP-R：5′-CGGCCATCGACTCAACCATCT-3′

② 扩增体系：25μl 总体系。Premix 12.5μl，ddH$_2$O 8.5μl，引物各1μl，DNA模板2μl。

③ 扩增条件：95℃变性2min，94℃变性30s，57℃退火1min，72℃延伸45s，30个循环；72℃延伸10min。

表6-2-2　胸膜肺炎放线杆菌与副猪嗜血杆菌鉴别

项　目	胸膜肺炎放线杆菌	副猪嗜血杆菌
含V因子的平板	β溶血	不溶血
CAMP现象	有	无
卫星现象	有	有
形态染色	革兰阴性短小杆菌，多形性	革兰阴性短小杆菌，多形性
V因子	依赖和不依赖	依赖

第三节　嗜血杆菌属（*Haemophilus*）

嗜血杆菌属（*Haemophilus*）隶属于巴氏杆菌科（Pastteurellaceae），是一群酶系统不完全的革兰阴性杆菌。在普通培养基上不生长，培养需添加血液中的生长因子，尤其是X因子和（或）V因子。常见的动物源嗜血杆菌有副猪嗜血杆菌（*H. parasuis*）、猫嗜血杆菌（*H. felis*）、鼠流感嗜血杆菌（*H. influenzaemurium*）、副兔嗜血杆菌（*H. paracuniculus*）、副禽嗜血杆菌（*H. Paragallinarum*）和血红蛋白嗜血杆菌（*H. haemoglobinophilus*）6种。兽医临床最常见的是副猪嗜血杆菌，可引起猪多发性浆膜炎，包括心肌炎、脑膜炎、关节炎和浆膜炎等；该菌易与猪圆环病毒、猪繁殖与呼吸综合征病毒等混合感染，造成免疫抑制。

副猪嗜血杆菌（*H.parasuis*，HPS）

该菌常存在于猪的上呼吸道，构成正常菌群，在猪抵抗力下降或应激因素作用下较易发病，且多为混合感染。发病猪表现为高热、关节肿胀、呼吸困难以及神经症状。

1. 形态染色

革兰阴性小短杆菌，单个球杆状到长的、细长的以至丝状等多种不同形态，大小为 $1.5\mu m \times (0.3 \sim 0.4) \mu m$（图6-3-1），无鞭毛，无芽孢，新分离的致病菌株有荚膜。

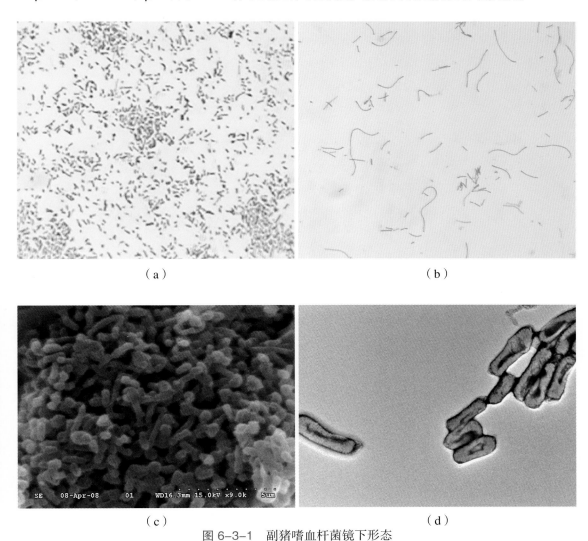

（a） （b）

（c） （d）

图6-3-1 副猪嗜血杆菌镜下形态

（a）革兰染色形态（短杆状）；（b）革兰染色形态（丝状）；（c）扫描电镜图；（d）透射电镜图

2. 培养特性

需氧或兼性厌氧，对营养要求较高，在普通培养基上不生长。初次分离培养需 $5\% \sim 10\%$ CO_2，37℃培养 $24 \sim 48h$，生长需依赖含 $10\mu g/ml$ 以上的 V 因子和 X 因子。在巧克力琼脂平板上生长，呈针尖大小、无色透明、光滑湿润的菌落（图6-3-2）。在含有辅酶 I（NAD）的

TSA、Columbia 和 BHI 平板上经 48h 培养，生长较好，为针尖或露珠大小的灰白色半透明菌落，不溶血，重复培养菌落会变大。在血平板上密布划线接种本菌，用金黄色葡萄球菌垂直点种或划线，5%～10% CO_2、37℃培养 24h，愈靠近金黄色葡萄球菌周围生长的本菌菌落愈大，愈远的愈小，甚至不见菌落生长，即"卫星现象"阳性（图 6-3-3）。因为金黄色葡萄球菌产生的溶血素可以迅速裂解生长线附近的红细胞，释放足量的 X 因子和 V 因子供副猪嗜血杆菌生长需要，金黄色葡萄球菌还可以沿生长线分泌 NAD 到培养基中，从而产生"卫星现象"。本菌对外界抵抗力差，分离到的细菌需及时冻干保存或移植。

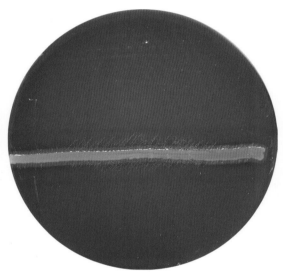

图 6-3-2　副猪嗜血杆菌在巧克力平板上菌落形态　　　图 6-3-3　副猪嗜血杆菌卫星现象

3. 生化反应

副猪嗜血杆菌对糖类发酵多不稳定，葡萄糖、麦芽糖和半乳糖阳性，吲哚、脲酶、山梨糖和甘露醇阴性。

4. 分离鉴定

（1）分离鉴定流程：将病料接种到巧克力琼脂或含 V 因子的血琼脂平板上，置 5% CO_2、37℃培养 24～48h，如有针尖大小、无色透明、光滑湿润的菌落生长，涂片镜检为革兰阴性小短杆菌，多形性，有卫星现象。具体流程见图 6-3-4。

（2）副猪嗜血杆菌与胸膜肺炎放线杆菌的鉴别：参考表 6-2-2。

（3）PCR 检测：对病料分离的纯培养物进行 PCR 检测，可选择煮沸法提取细菌 DNA。扩增片段长度 1 086bp。

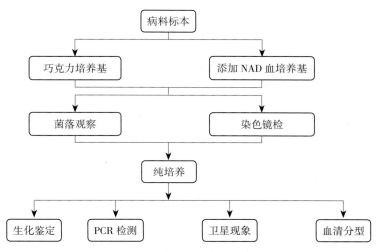

图 6-3-4 副猪嗜血杆菌分离鉴定流程

① 引物序列 HPS-1：5′-TATCGRGAGATGAAAGAC-3′

HPS-2：5′-GTAATGTCTAAGGACTAG-3′

HPS-3：5′-CCTCGCGGCTTCGTC-3′

② 扩增体系：25μl 总体系。Premix 12.5μl，ddH$_2$O 8.5μl，HPS-1 0.5μl，HPS-2 0.5μl，HPS-3 1μl，DNA 模板 2μl。

③ 扩增条件：94℃变性 3min；94℃变性 1min，56℃退火 45s，72℃延伸 1min，35 个循环；72℃延伸 10min。

第四节 禽杆菌属（*Avibacterium*）

禽杆菌属（*Avibacterium*）属于巴氏杆菌科，包括副鸡禽杆菌、禽源巴氏杆菌、禽巴氏杆菌和鸡巴氏杆菌。Blackall 等人于 2005 年依据细菌的生长条件、生化特性和 16S rRNA 同源性方面的研究将上述四个禽源细菌划分到这个属。

副鸡禽杆菌（*A. paragallinarum*）

副鸡禽杆菌原称副鸡嗜血杆菌，2005 年 Blackall 等人依据生长、生化特性和 16SrRNA 将其改名为副鸡禽杆菌。该菌主要感染雏鸡和蛋鸡，可引起鸡的传染性鼻炎，以鼻窦炎、流鼻涕、打喷嚏和面部肿胀为主要症状，可造成淘汰鸡数量增加及蛋鸡产蛋率下降。

1. 形态染色

副鸡禽杆菌为革兰阴性菌，两极染色（图 6-4-1）。菌体呈短杆状或球杆状，少数呈多形性，多呈单菌存在，有时成对或短链状，菌体长 1 ~ 3μm、宽 0.4 ~ 0.8μm。本菌无荚膜、芽孢和鞭毛（图 6-4-2）。

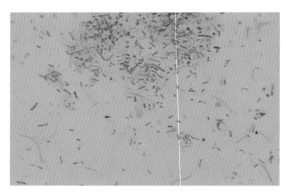

图 6-4-1 副鸡禽杆菌的革兰染色形态

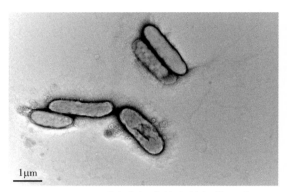

图 6-4-2 副鸡禽杆菌的电镜扫描照片

2. 培养特性

副鸡禽杆菌兼性厌氧型，需要在含有 5% CO_2 的培养环境中生长。对营养要求非常高，需在添加 V 因子的培养基中生长，加入其他营养成分如牛血清可促使菌株快速生长。

本菌在麦康凯琼脂上不生长；在巧克力琼脂平板上培养 18 ~ 24h 可看到针尖大小、直径 0.3mm 左右、灰白色半透明状的圆形菌落（图 6-4-3）。在巧克力琼脂平板上生长时遇到可释放出 V 因子的其他细菌如葡萄球菌，两者在交叉划线后，可产生"卫星现象"，即可见到葡萄球菌周围的副鸡禽杆菌菌落较大（直径可达 0.3mm），而远离葡萄球菌的副鸡禽杆菌菌落较小。

图 6-4-3 副鸡禽杆菌在巧克力平板上的菌落形态

3. 生化反应

该细菌能分解葡萄糖、麦芽糖、果糖、甘露糖和甘露醇，不发酵半乳糖，不产气，不产生吲哚，不分解尿素。含有过氧化氢酶，具有氧化酶活性和碱性磷酸酶活性、半乳糖苷酶与还原硝酸为亚硝酸的能力，但没有触酶反应。可根据以上特征和其他禽类嗜血杆菌区别开。

4. 分离鉴定

（1）分离鉴定流程：副鸡禽杆菌的鉴定流程见图 6-4-4。

（2）生化鉴定：取纯化后的菌落做触酶试验，必要时做进一步的生化反应，可参考《鸡传染性鼻炎诊断技术》（NY/T 538—2015）。副鸡禽杆菌与其他禽杆菌的生化和培养特性见表 6-4-1。

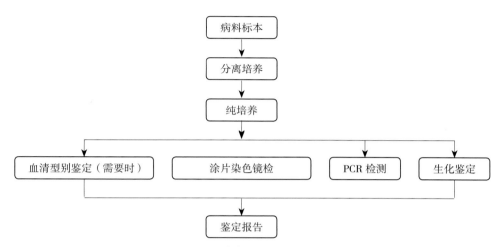

图 6-4-4　副鸡嗜血杆菌的鉴定流程

表 6-4-1　副鸡禽杆菌与其他禽杆菌的生化和培养特性

特　性	副鸡禽杆菌 A.paragallinarum	鸡禽杆菌 A.gallinarum	沃尔安禽杆菌 A.volantium	禽禽杆菌 A.avium	A 种禽杆菌 A.sp. A
过氧化氢	−	+	+	+	+
空气中生长	V	−	+	+	+
ONPG	−	V	+	−	V
L- 阿拉伯胶糖	−	−	−	−	+
D- 半乳糖	−	+	+	+	+
麦芽糖	+	V	+	−	V
海藻糖	−	+	+	+	+
甘露醇	+	−	+	−	V
山梨醇	+	−	V	−	−
α- 葡萄糖苷酶	−	+	+	+	+

注：所有菌为革兰阴性，副鸡禽杆菌、沃尔安禽杆菌、禽禽杆菌、A 种禽杆菌对 V 因子要求不定，鸡禽杆菌需要 X、V 因子。V 为可变。

（3）PCR 鉴定：可以根据副鸡禽杆菌的 *pyrG* 基因、*aroA* 基因等设计引物，建立 PCR 检测方法，参考《鸡传染性鼻炎诊断技术》（NY/T 538—2015），扩增片段长度 500bp。

① 引物序列：上游引物：5′–TGAGGGTAGTCTTGCACGCGAAT–3′

下游引物：5′–CAAGGTATCGATCGTCTCTCTACT–3′

② 扩增条件：94℃ 5min；94℃ 45s，56℃ 45s，72℃ 1min，30 个循环；72℃ 10min。阳性对照和被检样品均出现 500bp 的条带且阴性对照样品无此条带，则判为阳性。

第五节　里氏杆菌属（*Riemerella*）

里氏杆菌属（*Riemerella*）隶属于黄杆菌科（Flavobacteriaceae）。鸭疫里氏杆菌（*R. anatipestifer*）是里氏杆菌属的代表种，原名鸭疫巴氏杆菌，因与巴氏杆菌属的 rRNA 不同源而与黄杆菌（*Flavobacterium*）等相近，现归于黄杆菌科。

鸭疫里氏杆菌（*R. anatipestifer*）

鸭疫里氏杆菌主要引起鸭传染性浆膜炎，为主要侵害雏鸭的一种细菌性传染病。我国在 20 世纪 80 年代早期发现，引起小鸭大批死亡和发育迟缓，主要表现为纤维素性心包炎、气囊炎、肝周炎以及脑膜炎。

1. 形态染色

革兰阴性，菌体呈短杆状或椭圆形，大小（0.3 ~ 0.5）μm×（0.7 ~ 6.5）μm，单个、成双存在或短链排列，偶见个别长丝状，可形成荚膜，无鞭毛和芽孢，瑞氏染色可见两极着色[图 6-5-1（a）]。

2. 培养特性

本菌要求营养丰富，普通培养基上不生长。初次分离培养需接种在巧克力平板、TSA 或 Columbia 血平板（含 V 因子）等培养基上。在烛缸或 5% ~ 10% 的 CO_2 培养箱中，37℃ 培养 24 ~ 48h。在血平板上为圆形、光滑菌落，无色素，直径 0.5 ~ 2mm，不溶血（图 6-5-2）；在巧克力平板上为圆形、光滑、稍凸起、奶油状菌落（图 6-5-3）。在血清或胰蛋白胨酵母的肉汤中，37℃ 培养 48h，呈上下一致轻微混浊，试管底部仅有少量沉淀。在麦康凯培养基上不生长。培养物置 4℃ 冰箱保存容易死亡，通常 4 ~ 5 天应继代一次。

3. 生化反应

本菌不发酵蔗糖和葡萄糖，极少数菌株发酵麦芽糖或肌醇。靛基质、硝酸盐还原、柠檬酸盐利用、V–P 试验、甲基红试验等均为阴性。不产生硫化氢，不分解尿素。液化明胶，

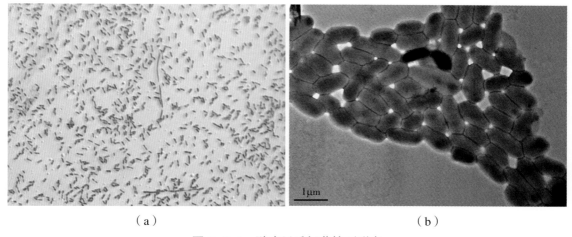

（a）　　　　　　　　　　　　（b）

图 6-5-1　鸭疫里氏杆菌镜下形态

（a）革兰染色；（b）透射电镜图

图 6-5-2　鸭疫里氏杆菌在血平板上菌落特征　　图 6-5-3　鸭疫里氏杆菌在巧克力平板上菌落特征

氧化酶和触酶试验阳性。

4. 分离鉴定

（1）鸭疫里氏杆菌分离鉴定流程：发病初期病鸭的心血、纤维素渗出物等进行瑞氏染色镜检，观察是否有两极着色的短小杆菌；对发病初期病鸭的脑、心血和肝脏，接种巧克力琼脂平板，置烛缸内，37℃培养24h进行分离，有圆形、光滑、稍凸起、奶油状菌落生长，不溶血，革兰阴性，为可疑菌落。将可疑菌落接种在麦康凯培养基上不生长。选择商品化试剂进行细菌鉴定，具体流程见图6-5-4。

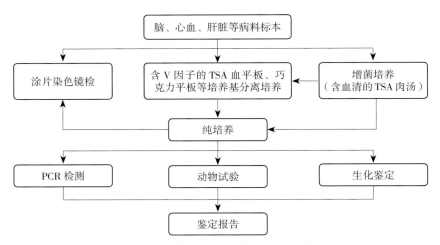

图 6-5-4　鸭疫里氏杆菌分离鉴定流程

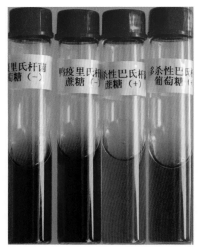

图 6-5-5　鸭疫里氏杆菌与多杀
性巴氏杆菌生化试验区别

左侧 2 管：鸭疫里氏杆菌不发酵
葡萄糖和蔗糖；右侧 2 管：多杀
性巴氏杆菌发酵葡萄糖和蔗糖

（2）鸭疫里氏杆菌与多杀性巴氏杆菌鉴别：对可疑菌落进行葡萄糖和蔗糖发酵试验，鸭疫里氏杆菌不发酵葡萄糖和蔗糖，多杀性巴氏杆菌发酵葡萄糖和蔗糖（图 6-5-5）；也可以用商品化细菌鉴定试剂盒进行鉴定。

（3）PCR 检测：对病料分离的纯培养物进行 PCR 检测，选择煮沸法提取细菌 DNA。扩增片段长度 671bp。

①引物序列：OmpA-1: 5′-GAACTTTGGTCTTGGTAT
　　　　　　　　CC-3′

　　　　　　OmpA-2: 5′-CAGATGCAGCTCTTTCTC
　　　　　　　　TA-3′

②扩增体系：25μl 总体系。Premix 12.5μl，ddH$_2$O 8.5μl，引物各 1μl，DNA 模板 2μl。

③扩增条件：94℃预变性 5min；94℃变性 40s，55.5℃退火 40s，72℃延伸 45s，35 个循环；72℃延伸 10min。

第七章
弧菌科及气单胞菌科

第一节　弧菌属（*Vibrio*）

弧菌科（Vibrionaceae）的细菌主要存在于海、淡水中。目前归属本科的细菌有 3 个属：弧菌属（*Vibrio*）、发光杆菌属（*Photobacterium*）和盐弧菌属（*Salinivibrio*）。对兽医学及公共卫生有意义的是弧菌属。

钠离子是属内大多数细菌生长的必要条件，具有促进生长作用，其最佳浓度为 0.029% ~ 4.1%。能发酵 D- 葡萄糖产酸，很少产气；大多数细菌可发酵和利用果糖、麦芽糖和甘油；氧化酶及触酶阳性。生长温度范围较广，最适宜生长温度为 35 ~ 37℃，所有菌均能在 20℃生长，绝大部分菌可在 30℃生长，少部分在 4℃也能生长。

致病性弧菌包括霍乱弧菌（*V. cholerae*）、副溶血弧菌（*V. parahemolyticus*）、最小弧菌（*V. mimicus*）、麦氏弧菌（*V. metschnikovii*）、河弧菌（*V. fluvialis*）、创伤弧菌（*V. vulnilficus*）、溶藻弧菌（*V. alginolyticus*）、哈氏弧菌（*V. harveyi*）等，其中副溶血弧菌在水生动物最为常见。

副溶血弧菌（*V. parahaemolyticus*）

副溶血弧菌具嗜盐性，存在于海产品中，主要引发水生动物疾病。近年来，从我国人工养殖发病死亡的海鱼、贝类等也能分离到该菌。

1. 形态染色

革兰阴性小杆菌，菌体呈多形性，为直的、轻微弯曲、弯曲或逗点状杆菌，大小为（0.5 ~ 0.8）μm ×（1.4 ~ 2.6）μm，有极性鞭毛，在老龄培养物或不利生长环境中常形成内卷（图 7-1-1）。

2. 培养特性

（1）培养条件：副溶血弧菌兼性厌氧。在 30 ~ 40℃均能生长良好，4℃不生长。最适 pH 为 7.7 ~ 8.0。本菌在含 1% ~ 8% NaCl 的培养基均能生长，生长所需 NaCl 的最适浓度为 3% ~ 4%。

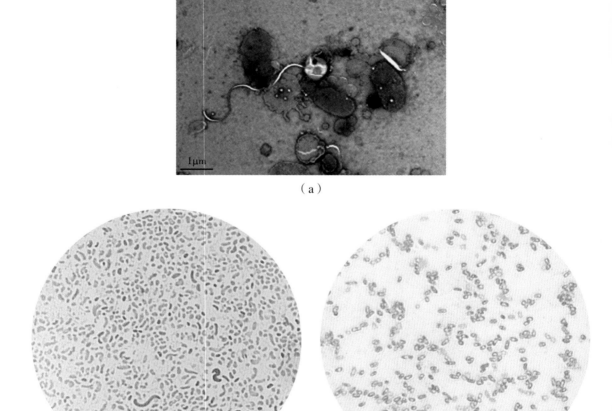

（a）

（b）　　　　　　　　　　　　　　　　　　　（c）

图 7-1-1　副溶血弧菌镜下形态

（a）透射电镜图；（b）革兰染色（新鲜培养物）；（c）革兰染色（老龄培养物形成内卷）

（2）常用培养基：TCBS 琼脂作为一种选择性培养基，被广泛应用于临床和环境样本中弧菌的分离，多数情况下副溶血弧菌在 TCBS 上生长为绿色黏稠菌落；碱性蛋白胨水是使用最多的液体培养基，可用于弧菌的分离和增菌培养，其 NaCl 浓度通常为 0.5%～1%，为增强其选择性可增加至 3%；在绵羊血琼脂平板上生长良好，呈光滑、湿润、凸起的半透明菌落，通常不溶血，某些菌株可形成 α 或 β 溶血；在麦康凯平板上呈无色半透明菌落，部分菌株不生长或生长不良。在 3% NaCl 三糖铁琼脂上生长，底层变黄不变黑，不产气，斜面颜色不变；在弧菌显色培养基上呈紫红色，也可在其他含 7.5% NaCl 的培养基生长（图 7-1-2）。

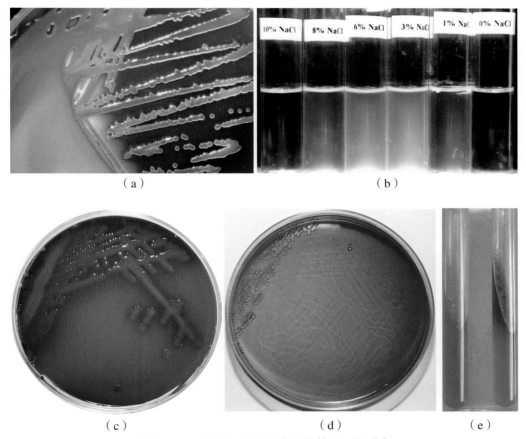

图 7-1-2 副溶血弧菌在常用培养基上的形态

（a）TCBS 琼脂；（b）不同 NaCl 浓度的碱性蛋白胨水；（c）绵羊血琼脂；（d）麦康凯琼脂；
（e）3% NaCl TSI 琼脂（左为创伤弧菌，右为副溶血弧菌）

3. 生化反应

氧化酶试验、赖氨酸脱羧酶和硝酸还原试验阳性，发酵葡萄糖、麦芽糖，不发酵乳糖、蔗糖、吲哚，在 0% NaCl 和 10% NaCl 蛋白胨水中不生长。常用生化试验见表 7-1-1。

表 7-1-1 副溶血性弧菌的生化特性

项　目	结　果	项　目	结　果
靛基质	+	甲基红	[＋]
V-P 试验	–	氧化酶	+
侧金盏花醇	–	D- 海藻糖	+
L- 阿拉伯醇	[＋]	枸橼酸盐	–

（续表）

项 目	结 果	项 目	结 果
纤维二糖	−	丙二酸盐	−
H_2S 产生	−	L- 乳酸	+
葡萄糖发酵	+	鸟氨酸脱羧酶	+
麦芽糖	+	赖氨酸脱羧酶	+
D- 甘露醇	+	L- 组氨酸	+
D- 甘露糖	+	O/129 敏感	[−]
木糖	−	L- 苹果酸	+
β - 丙氨酸芳胺酶	−	明胶酶	+
L- 脯氨酸芳胺酶	+	淀粉酶	+
脂酶	+	0%NaCl 生长	−
酪氨酸芳胺酶	+	1%NaCl 生长	+
尿素酶	[−]	6%NaCl 生长	+
D- 山梨醇	−	8%NaCl 生长	[+]
蔗糖	−	10%NaCl 生长	−

注：部分引自《伯杰氏细菌系统分类学手册》（第二版）卷二第 528、529 页。符号：+，90% ~ 100% 阳性；−，0 ~ 10% 阳性；[+]，76% ~ 89% 阳性；[−]，11% ~ 25% 阳性。

4. 分离鉴定

（1）分离鉴定流程：见图 7-1-3。

（2）与其他细菌的鉴别：主要有以下几种。

① 弧菌属的鉴别：弧菌属的鉴定与相关菌属的区别，可依据嗜盐性、甘露醇、O/129 敏感性等加以鉴别，参见表 7-1-2。

② 弧菌属内细菌的鉴别：通过嗜盐性试验、TCBS 生长、O/129 敏感性等试验进行鉴别，详见表 7-1-3。

③ 商品化生化鉴定试剂及鉴定系统：目前可用于鉴定弧菌的商品化生化鉴定系统较多，但均存在问题，不同弧菌的鉴定率差异较大，目前报道副溶血型弧菌鉴定准确率最高的是 API 20E。

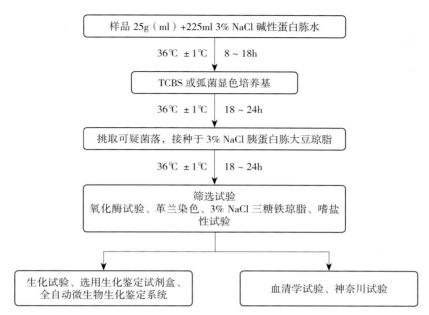

图 7-1-3 副溶血弧菌的分离鉴定流程

表 7-1-2 弧菌属与相关菌属的鉴别

试验项目	弧菌属	发光杆菌属	气单胞菌属	邻单胞菌属	肠杆菌属
可感染人	+	−	+	+	+
氧化酶	+	+	+	+	−
产生酯酶	+	V	+	−	V
O/129 敏感	+	+	−	+	−
D- 甘露醇发酵	+	−	+	−	+
Na⁺ 生长依赖	+	+	−	−	−
TCBS 生长	+	+	−	−	−

注：部分引自《伯杰氏细菌系统分类学手册》（第二版）卷二第 494 和 509 页。符号：+，阳性；−，阴性；V，反应可变。

表 7-1-3 弧菌属常见细菌的鉴别

试验项目	菌株阳性率（%）							
	副溶血弧菌	霍乱弧菌	最小弧菌	麦氏弧菌	河弧菌	创伤弧菌	溶藻弧菌	哈氏弧菌
0%NaCl 生长	0	100	100	0	100	0	0	0
8%NaCl 生长	100	0	0	100	80	0	100	67

（续表）

试验项目	菌株阳性率（%）							
	副溶血弧菌	霍乱弧菌	最小弧菌	麦氏弧菌	河弧菌	创伤弧菌	溶藻弧菌	哈氏弧菌
TCBS 菌落颜色	99（G）	100（Y）	100（G）	100（Y）	100（Y）	90（G）	100（Y）	100（Y）
蔗糖	0	100	0	100	100	20	100	83
枸橼酸盐	3	97	99	75	93	75	1	0
V–P 试验	0	100	0	100	0	0	80	0
ONPG	5	94	90	50	40	75	0	0
O/129 敏感	20	99	95	90	30	98	19	100

注：部分引自《伯杰氏细菌系统分类学手册》(第二版)卷二第 510、521 和 527 页。符号：G，绿色；Y，黄色。

④ 分子生物学鉴定：分子生物学鉴定方法广泛应用于副溶血弧菌的快速检测。弧菌属细菌的种间序列差异较小，16S rRNA 测序技术结果不理想；目前国内针对 *gyrase*、*dna* J、*tox* S 等基因分别建立了实时荧光 PCR 方法、MPCR–DHPLC 法、环介导恒温扩增（LAMP）法等检测方法。

⑤ MALDI–TOF MS 鉴定：基质辅助激光解析电离 – 飞行时间质谱（MALDI–TOF MS）技术已证明是一种可以鉴定副溶血性弧菌的快速、可重复的方法，有望成为鉴别亲缘关系非常接近菌种的新手段（图 7–1–4）。

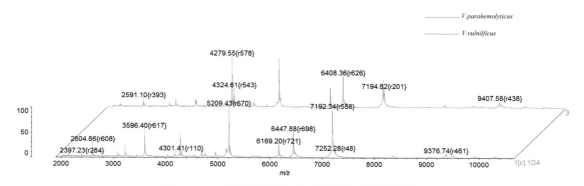

图 7–1–4　副溶血弧菌与创伤弧菌的质谱图比较

第二节 气单胞菌属（*Aeromonas*）

本属菌的细菌原为弧菌科成员，现已分类在气单胞菌目（Aeromonadales）、气单胞菌科（Aeromanadaeae）、气单胞菌属（*Aeromonadaceae*），包含 14 个种。

本属细菌广泛存在于有水生动物栖息的淡水、污水、泥沙及土壤等，有的种对人、温血动物、鱼类等有致病性，可引起急性胃肠炎、败血症、外伤感染等多种病症，最具代表性的是嗜水气单胞菌。

嗜水气单胞菌（*A. hydrophila*）

嗜水气单胞菌广泛存在于淡水和海洋水域、病鱼、变温的水生动物和温血动物，是多种水生动物的原发性致病菌，可引起人的腹泻和肠道外感染。

1. 形态染色

革兰阴性无芽孢杆菌，菌体呈多形性，多为球杆状或杆状，常单个存在，很少成对或短链状排列，大小为（0.3 ~ 1.0）μm×（1.0 ~ 3.5）μm，有极性鞭毛，可形成狭窄的荚膜（图7-2-1）。

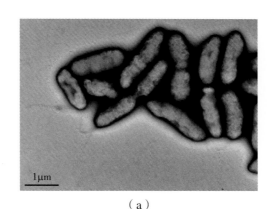

（a）

（b）　　　　　　（c）

图 7-2-1　嗜水气单胞菌的镜下形态

（a）透射电镜图；（b）革兰染色；（c）荚膜染色

2. 培养特性

（1）培养条件：兼性厌氧，在水温 14.0 ~ 40.5℃ 都可繁殖，以 28.0 ~ 30.0℃ 为最适温度。pH 为 6 ~ 11 均可生长，最适 pH 为 7.27。可在含盐量 0 ~ 0.4% 的水中生存，最适盐度为 0.05%（图 7-2-2）。

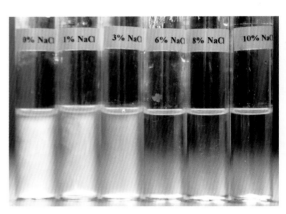

图 7-5-2　嗜盐性试验

（2）常用培养基：在普通营养琼脂上即可生长，形成圆形、凸起、光滑湿润的菌落，直径可达 1 ~ 3mm；在绵羊血琼脂平板上生长，菌落呈灰白色，并形成不同程度的 β 溶血；在麦康凯培养基上生长良好，不发酵乳糖；在 TCBS 或在 6% NaCl 培养基中不生长；在 RS 培养基上呈黄色菌落；在 AHM 培养基上生长，试管底部呈淡黄色或灰黄色，上部为紫色；在脱脂奶蔗糖胰蛋白胨平板上生长，菌落周围可出现清晰透明的溶蛋白圈。详见图 7-2-3。

3. 生化反应

氧化酶、触酶、吲哚试验阳性，H_2S 试验阳性，发酵葡萄糖、蔗糖、阿拉伯糖，产酸产气，不发酵乳糖，TSI 为 K/A，七叶苷、精氨酸双水解酶、赖氨酸脱羧酶和硝酸盐还原试验均为阳性，O/129 耐药。常用生化试验见表 7-2-1。

表 7-2-1　嗜水气单胞菌的生化特征

项　　目	结　果	项　　目	结　果
靛基质	+	触酶	+
V-P 试验	+	氧化酶	+
侧金盏花醇	−	D- 海藻糖	+
L- 阿拉伯醇	−	枸橼酸盐	d
纤维二糖	−	丙二酸盐	−
H_2S 产生	+	L- 乳酸	d
葡萄糖发酵	+	鸟氨酸脱羧酶	−
麦芽糖	+	赖氨酸脱羧酶	+
D- 甘露醇	+	蔗糖	+
D- 甘露糖	+	O/129 敏感	+
木糖	−	明胶酶	+
尿素酶	−	0%NaCl 生长	+
D- 山梨醇	−	3%NaCl 生长	+

注：部分引自《伯杰氏细菌系统分类学手册》（第二版）卷二第 561 页。符号：+，> 90% 阳性；−，< 10% 阴性；d，11% ~ 89% 阳性。

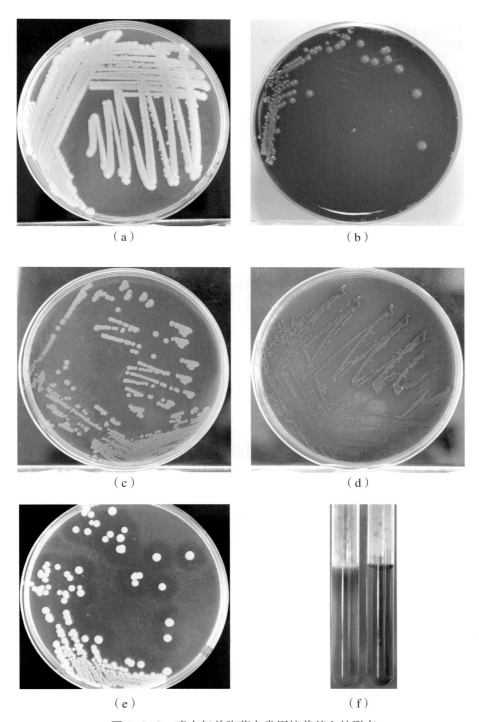

图 7-2-3 嗜水气单胞菌在常用培养基上的形态

（a）营养琼脂；（b）绵羊血琼脂；（c）麦康凯琼脂；（d）RS 培养基；
（e）脱脂奶蔗糖胰蛋白胨琼脂；（f）AHM 培养基（右为阴性对照）

4. 分离鉴定

（1）分离鉴定流程：本菌的检验程序基本同肠道致病菌相同，可直接培养（如脏器、分泌物等），或先增菌再分离培养（如粪便、水样等），具体的分离鉴定流程可参考图 7-2-4。

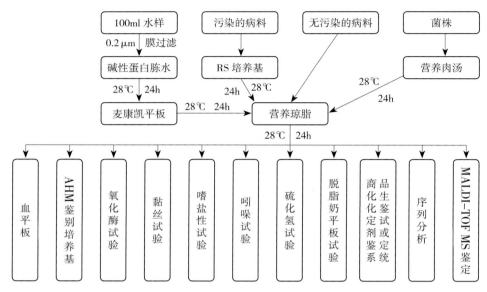

图 7-2-4　嗜水气单胞菌的分离鉴定流程

（2）与其他细菌的鉴别

① 气单胞菌属的鉴别：气单胞菌属容易与氧化酶阳性的邻单胞菌属和弧菌属的细菌混淆，除了可以通过其在不同培养基上的生长特性进行区分，也可以通过一系列的生化反应加以鉴别，参见表 7-2-2。

② 气单胞菌属内细菌的鉴别：主要通过生化反应的差异加以鉴别，参见表 7-2-3。

（3）商品化生化鉴定试剂及鉴定系统：可用于鉴定嗜水气单胞菌的商品化生化鉴定系统较多，但鉴定的准确率差异较大，以 API 20E 试剂条和 VITEK 2 GN 卡的准确率最高。

（4）序列分析：通过气单胞菌 16S rRNA 基因的分析，目前可以准确鉴定到属的水平，比较准确鉴定到种的水平则需要使用其他管家基因组合如 gyrB、rpoD、dnaJ、cpn60 等作为多重分子标记或多位点进化分析（MLPA）等方法。

（5）MALDI-TOF MS：基质辅助激光解析电离 - 飞行时间质谱（MALDI-TOF MS）技术于 2007 年第一次应用于气单胞菌种的鉴定，目前已广泛应用于临床，根据不同细菌蛋白质谱的差异可快速区分和鉴定出嗜水气单胞菌（图 7-2-5），其鉴定准确率高于 16S rRNA 测序及传统的生化鉴定方法。

表 7-2-2　气单胞菌属与相关菌属的鉴别

试验项目	气单胞菌属	邻单胞菌属	弧菌属
O/129 敏感性	R	S	S
黏丝试验	-	-	+
6.5%NaCl 生长	-	-	（+）
鸟氨酸脱氢酶	（-）	+	+
I- 肌醇发酵	-	+	（-）
D- 甘露醇发酵	（+）	-	+
蔗糖发酵	（+）	-	（+）
明胶液化	+	-	+
TCBS 生长	（-）	-	（+）

注：数据引自《伯杰氏细菌系统分类学手册》（第二版）卷二第 569 页。符号：R，耐药；S，敏感；+，属内大多数菌为阳性；-，属内大多数菌为阴性；（+），除个别种为阴性外，其余均为阳性；（-），除个别种为阳性外，其余均为阴性。

表 7-2-3　与运动气单胞菌属其他细菌的鉴别

试验项目	七叶苷	D-葡萄糖产气	V-P试验	吲哚试验	阿拉伯糖	蔗糖	赖氨酸	精氨酸双水解酶	溶血性	氨苄西林
嗜水气单胞菌	+	+	+	+	d	+	+	+	+	R
异嗜糖气单胞菌	d	+	-	+	d	+	+	d	nd	R
兽类气单胞菌	+	+	+	+	+	+	-	+	+	R
豚鼠气单胞菌	+	-	-	+	+	+	-	+	d	R
鳗气单胞菌	+	+	+	+	+	+	+	d	nd	R
嗜泉气单胞菌	+	+	+	+	d	+	+	+	-	S
简氏气单胞菌	-	+	+	+	+	+	+	+	+	R
中间气单胞菌	+	-	-	d	+	+	+	+	-	S
波氏气单胞菌	-	+	+	d	nd	+	-	+	+	R
舒氏气单胞菌	-	-	d	+		+	-	+	+	R
温和气单胞菌	-	+	+（w）	+	+	+	-	+（w）	+	R
易损气单胞菌	-	+	-	-	+	+	+	+	+	S
维罗纳气单胞菌 维氏生物变种	+	+	+	+	+	+	+	+	+	R
维罗纳气单胞菌 温和生物变种	-	+	+	+	+	+	+	+	+	R

注：引自《伯杰氏细菌系统分类学手册》（第二版）卷二第 572 页。符号：+，≥75% 菌株阳性；-，≤25% 菌株阳性；d，26%～74% 菌株阳性；nd，未定；w，反应弱；R，耐药；S，敏感。

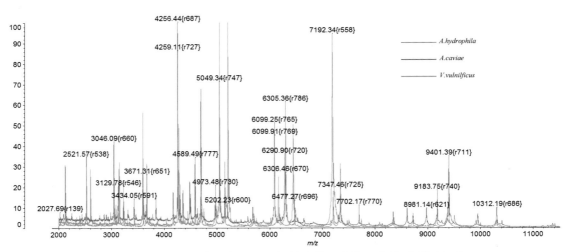

图 7-2-5　嗜水气单胞菌、豚鼠气单胞菌和创伤弧菌的质谱图比较

第八章
革兰阴性需氧杆菌

第一节　布鲁菌属（*Brucella*）

布鲁菌属（*Brucella*）是一类球杆状的革兰阴性菌，大小（0.3～0.6）μm×（0.6～1.5）μm，不形成芽孢，无荚膜，无鞭毛，需氧。布鲁菌属和支动菌属（*Mycoplana*）、苍白杆菌属（*Ochrobactrum*）同属于布鲁菌科，其中布鲁菌属为其模式属。

布鲁菌

布鲁菌属于布鲁菌属，由其引起的病叫做布鲁菌病，是一种人兽共患病，被世界动物卫生组织列为 B 类动物疫病。根据细菌抗原特性、培养特性、生化特性及宿主特异性的不同，布鲁菌属分为羊种布鲁菌（*B. melitensis*，3 个生物型）、牛种布鲁菌（*B. abortus*，8 个生物型）、猪种布鲁菌（*B. suis*，5 个生物型）、犬种布鲁菌（*B. canis*，1 个生物型）、沙林鼠种布鲁菌（*B. neotomae*，1 个生物型）和绵羊附睾种布鲁菌（*B. ovis*，1 个生物型）6 个经典种，以及狒种（*B. popionis*）、赤弧种（*B. vucpis*）、鲸型（*B. let*）、鳍型（*B. pinnipedialis*）、意外布鲁菌（*B. inopinata*）、田鼠种（*B. microti*）等 6 个新种，其中羊种布鲁菌为模式种。

1. 形态染色

布鲁菌宽 0.3～0.6μm、长 0.6～1.5μm，呈短杆状或球杆状，多呈散在分布，偶见短链状、成对或串状排列（图 8-1-1），光滑型菌株，有荚膜，无鞭毛，不产芽孢。布鲁菌革兰染色呈红色（图 8-1-2），姬姆萨染色呈紫色，柯兹罗夫斯基染色（柯氏染色）呈红色，改良 Koster 氏法染色背景蓝色、菌体橘红色，改良 Ziehl-Neelsen 抗酸染色背景蓝色、菌体红色。

2. 培养特性

布鲁菌专性需氧，在严格厌氧环境中不生长。最适温度 37℃，最适 pH 为 6.6～6.8。多数菌株初次分离培养需 5%～10% CO_2，且生长十分缓慢，需要 5～10 天甚至 30 天。菌株在培养一段时间后，可形成 4 种不同菌落，即光滑型（S 型）、粗糙型（R 型）、黏液型（M 型）和中间型（I 型）。其中，粗糙型菌落往往在细菌经受不良环境如抗生素的影响下形成，表

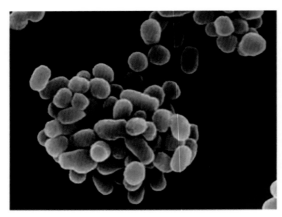

图 8-1-1　电镜下的布鲁菌

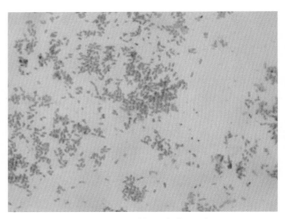

图 8-1-2　革兰染色形态

面呈颗粒状，不透明，呈浅黄色或褐色；光滑型菌落表面光滑湿润、无色透明；黏液型菌落呈黏胶状，混浊；中间型菌落介于光滑型和粗糙型菌落之间。

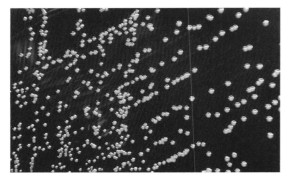

图 7-1-3　布鲁菌在羊血琼脂平板上的菌落特征

布鲁菌对营养要求高，在培养基中加入少量血液或血清等可促其生长，含 5%～10% 马血清的胰蛋白胨大豆琼脂培养基几乎对所有菌株都能生长。初次培养生长缓慢，经 37℃ 培养 48h 开始长出微小、无色、透明、凸起的光滑型菌落，无溶血现象。布鲁菌在血琼脂平板上为白色菌落，不溶血（图 8-1-3）；在马铃薯琼脂斜面上生长出水溶性微棕色菌苔。

3. 生化反应

布鲁菌对触酶、氧化酶反应阳性，但绵羊种和绵羊附睾种布鲁菌除外。除绵羊附睾种布鲁菌外，一般不能还原硝酸盐。甲基红试验、糖发酵、吲哚、柠檬酸盐利用、V-P 试验等反应均为阴性，不液化明胶，不产生吲哚，不改变石蕊牛乳或使之呈碱性。不同种不同生物型的布鲁菌水解尿素和产生 H_2S 的能力各异。

4. 分离鉴定

（1）分离鉴定流程：可采集流产胎儿的胎盘、羊水，肝脏、肺脏和脾脏等内脏，阴道分泌物、血液、精液和乳汁等病料进行分离。病料可直接涂片染色镜检。无污染病料可直接划线接种于 5%～10% 马血清的 TSA。污染的病料则应接种到加有放线菌酮 0.1mg/ml、杆菌肽 25 IU/ml、多黏菌素 B 6IU/ml 和加有色素的选择性琼脂平板，一式两份，分别置 37℃ 培养箱和 5%～10% CO_2 的 37℃ 培养箱中培养。每 3 天观察 1 次。如有细菌生长，挑选可疑菌落纯化后进行细菌鉴定；如无细菌生长，可继续培养至 30 天后仍无生长者方可认为阴性。具体流程见图 8-1-4。

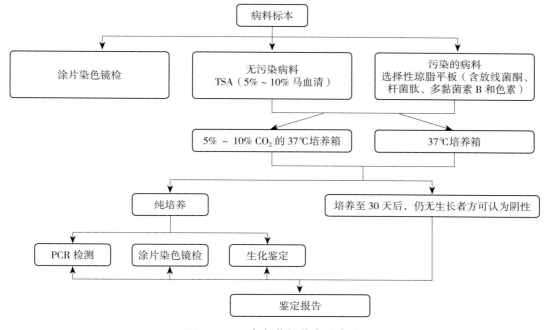

图 8-1-4 布鲁菌的分离鉴定流程

（2）生化鉴定：利用一些生化反应的强弱可区分不同种的布鲁菌。根据布鲁菌脲酶活性和 H_2S 产生的多少，可鉴别羊、牛和猪 3 种常见的布鲁菌。分解尿素，即脲酶活性：猪＞羊＞牛；产 H_2S 能力：猪＞牛＞羊。

（3）PCR 鉴定：PCR 是确诊布鲁菌阳性的方法之一。在 WOAH 的《陆生动物诊断试验与疫苗手册》中提供了一种多重 PCR 方法，共 8 对引物。该方法可区分疫苗株及不同种的布鲁菌。引物信息见表 8-1-1。布鲁菌不同种及疫苗株扩增片段大小见表 8-1-2。

反应体系：总体积 25μl，DNA 模板 1μl，每条引物 6.25pmol。反应条件：95℃预变性7min；95℃变性 35s，64℃退火 45s，72℃延伸 3min，25 个循环；72℃延伸 6min。

表 8-1-1 用于区分布鲁菌种及疫苗株的引物

引 物	引物序列（5′—3′）	扩增片段大小（bp）
BMEI0998f	ATC CTA TTG CCC CGA TAA GG	1 682
BMEI0997r	GCT TCG CAT TTT CAC TGT AGC	

（续表）

引　　物	引物序列（5′—3′）	扩增片段大小（bp）
BMEI0535f	GCG CAT TCT TCG GTT ATG AA	450（1 320）
BMEI0536r	CGC AGG CGA AAA CAG CTA TAA	
BMEII0843f	TTT ACA CAG GCA ATC AGC A	1 071
BMEII0844r	GCG TCC AGT TGT TGT TGA TG	
BMEI1436f	ACG CAG ACG ACC TTC GGT AT	794
BMEI1435r	TTT ATC CAT CGC CCT GTC AC	
BMEII0428f	GCC GCT ATT ATG TGG ACT GG	587
BMEII0428r	AAT GAC TTC ACG GTC GTT CG	
BR0953f	GGA ACA CTA CGC CAC CTT GT	272
BR0953r	GAT GGA GCA AAC GCT GAA G	
BMEI0752f	CAG GCA AAC CCT CAG AAG C	218
BMEI0752r	GAT GTG GTA ACG CAC ACC AA	
BMEII0987f	CGC AGA CAG TGA CCA TCA AA	152
BMEII0987r	GTA TTC AGC CCC CGT TAC CT	

注：引物 BMEI、BMEII 后面的数字是引物在羊种布鲁菌基因组中的位置；BR 后的数字是引物在猪种布鲁菌基因组中的位置。f，正向；r，反向。海洋种布鲁菌的扩增片段为 1 320bp，其他种为 450bp。

表 8-1-2　布鲁菌不同种及疫苗株的扩增片段大小

布鲁菌种	扩增片段（bp）									
	152	218	272	450	587	794	1 071	1 320	1 682	2 524
羊种	√			√	√	√	√		√	
海洋种	√				√	√	√	√	√	
绵羊附睾种	√			√	√	√	√			
牛种	√			√	√	√			√	
猪种	√		√	√	√	√			√	
犬种	√		√	√	√		√		√	
沙漠森林鼠种		√	√	√	√	√			√	

（续表）

布鲁菌种	扩增片段（bp）									
	152	218	272	450	587	794	1 071	1 320	1 682	2 524
疫苗株 RB51	√			√	√	√				√
疫苗株 S19	√			√		√			√	
疫苗株 Rev1	√	√		√	√	√	√		√	

第二节　波氏菌属（*Bordetella*）

博德特菌属隶属于产碱杆菌科，现包括8个种，其中支气管败血波氏菌（*B. bronchiseptica*）、百日咳波氏菌（*B. pertussis*）及副百日咳波氏菌（*B. parapertussis*）三种研究较为深入，感染动物致病的主要是支气管败血波氏菌。

支气管败血波氏菌（*B.bronchiseptica*）

支气管败血波氏菌最初由 Ferry 于 1910 年从患犬瘟热犬的呼吸道中分离得到，当时被列入芽孢杆菌属。之后，鉴于支气管败血波氏菌的培养特性、抗原关系、致病性都和波氏菌相似，最终由 Moreno-Lopez 在 1952 年将其列入波氏菌属。该菌为化能有机营养，可利用不同的有机酸和氨基酸为碳源，通常不利用糖类。该菌可引起猪、狗、豚鼠、兔子、猫、马等动物呼吸道感染，常引发幼兔支气管炎、成兔的鼻炎、猪萎缩性鼻炎及犬支气管肺炎。

1. 形态染色

支气管败血波氏菌两极着色，革兰染色阴性（图 8-2-1）。菌体呈球杆状，大小为（0.2 ~ 0.3 μm）×（0.5 ~ 1.0 μm），单个或成双排列，菌体周围有鞭毛（图 7-2-2）。嗜氧，能运动，不形成芽孢。

2. 培养特性

支气管败血波氏菌专性需氧，最佳生长温度范围为 35 ~ 37℃，在 25℃和 42℃也可生长。在以 5% 羊血平板上培养 24 ~ 48h，菌落圆形、光滑、边缘整齐（图 8-2-3），直径 0.5 ~ 1mm，某些菌株可发生 β 溶血。在鲍－姜氏培养基上，菌落呈光滑、隆起、半透明、湿润。在麦康凯培养基上生长良好，菌落红色，周围有一个小的红色区域，底层培养基呈琥珀色褪色（图 8-2-4）。在血红素呋喃唑酮改良麦康凯琼脂（HFMA）平板上，菌落不变红，直径 1 ~ 2mm，圆整、光滑、隆起、透明，略呈茶色，较大的菌落中心较厚、呈茶黄色，对光观察呈浅蓝色。

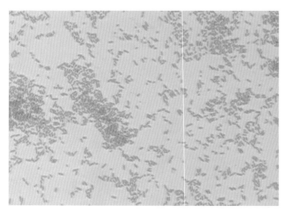

图 8-2-1　革兰染色形态

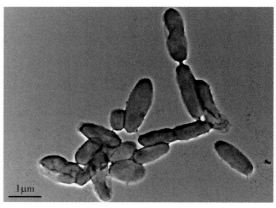

图 8-2-2　支气管败血波氏菌的扫描电镜照片

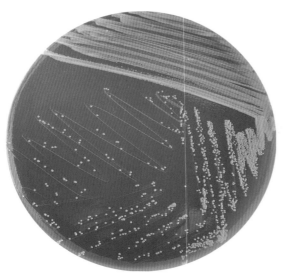

图 8-2-3　支气管败血波氏菌在血平板上的菌落形态

图 8-2-4　支气管败血波氏菌在麦康凯培养基上的菌落形态

3. 生化反应

支气管败血波氏菌能产生过氧化氢酶、氧化酶和脲酶，能利用枸橼酸盐。不分解糖类，葡萄糖、蔗糖、棉籽糖、乳糖、麦芽糖、阿拉伯糖、鼠李糖、木糖、卫矛醇、山梨醇、甘露醇、肌醇、侧金盏花醇、水杨苷、七叶苷等均为阴性；可利用己二酸、甘氨酸、丙酰胺、丙二酰胺、戊酸盐、丙二酸等产碱。V-P 试验、甲基红试验、靛基质试验、H_2S 试验均为阴性，硝酸盐还原试验多呈阳性，石蕊牛乳试验呈强碱性反应。

4. 分离鉴定

（1）分离鉴定流程：见图 8-2-5。

（2）与其他细菌的鉴别：主要有以下几种

① 支气管败血波氏菌与禽博德特菌的鉴别：支气管败血波氏菌对脲酶和硝酸盐还原试验均为阳性，禽波氏菌均为阴性。也可利用两者对动物红细胞凝集的不同来判断，支气管败血波氏菌凝集绵羊红细胞，禽波氏菌凝集豚鼠红细胞。

② 支气管败血波氏菌与多杀性巴氏杆菌的鉴别：支气管败血波氏菌不能分解葡萄糖、蔗糖和甘露糖，而多杀性巴氏杆菌可分解葡萄糖、甘露糖和蔗糖。

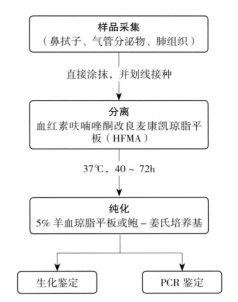

图 8-2-5 支气管败血波氏菌的分离鉴定流程

（3）PCR 鉴定：对从病料分离的纯培养物进行支气管败血波氏菌 PCR 检测，用煮沸法提取细菌 DNA。

① 支气管败血波氏菌的引物序列：

Bb-F：5′-CAGGAACATGCCCTTTG-3′

Bb-R：5′-TCCCAAGAGAGAAAGGCT-3′

② 支气管败血波氏菌 PCR 扩增条件：95℃变性 5min，94℃变性 30s，55℃退火 30s，72℃延伸 20s，35 个循环，最后 72℃延伸 5min。

第三节　伯氏菌属（*Burkholderia*）

伯氏菌属（*Burkholderia*）在分类上属于变形菌门（Proteobacteria）、β-变形菌纲（Betaproteobacteria）、伯氏菌目（Burkholderiales）、伯氏菌科（Burkholderiaceae）。伯氏菌属包括 19 个种，多数为植物病原菌。其中，鼻疽伯氏菌（*B.mallei*）和类鼻疽伯氏菌（*B.pseudomallei*）是重要的动物病原菌。

鼻疽伯氏菌（*B.mallei*）

鼻疽伯氏菌旧名鼻疽假单胞菌，1882 年首次从病马的肝脏和脾脏中分离到，曾被归类于假单胞菌科、假单胞菌属Ⅱ群。Yabuuchi 等根据 16S rDNA 序列分析于 1992 年将其归类于假单胞菌科的伯氏菌属。鼻疽伯氏菌是马属动物的高度专性寄生菌，经气溶胶传播，可感染人类。由鼻疽伯氏菌感染引起的马鼻疽（Glanders）是一种人兽共患传染病，生物安全风险较大，我国将其列为二类动物疫病。

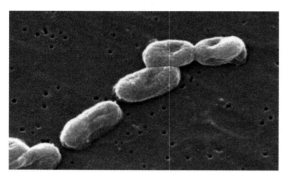

图 8-3-1　伯氏菌扫描电镜照片

图 8-3-2　鼻疽伯氏菌在血液琼脂平板上的生长形态

1. 形态染色

鼻疽伯氏菌为革兰阴性杆菌，菌体细长，长短不一，长 2~5μm，宽 0.5~1.0μm，两端浓染，无芽孢，无鞭毛，有荚膜。（图 8-3-1）。苯胺染料易于着色。

2. 培养特性

本菌专性需氧，普通培养基中生长缓慢，加 5% 绵羊血或 1%~5% 甘油生长旺盛。在血琼脂平板上 35~37℃培养 48h，可见无色、透明、大小不等、边缘不整齐、不溶血的较小菌落（图 8-3-2）；在甘油培养基上菌落呈圆形、湿润、光滑、不透明的灰黄色菌落；在麦康凯培养基上呈凸起、湿润、中等大小、淡黄色的菌落。正常菌落为光滑（S）型，变异的菌落最常见的为粗糙（R）型。

3. 生化反应

鼻疽伯氏菌可分解葡萄糖、乳糖，不分解其他糖类，不分解醇类。尿素阳性，还原硝酸盐，部分菌株氧化酶阳性。部分菌株脂酶（水解吐温 80）阴性，可使石蕊牛乳产酸凝固及胨化，具体见表 8-3-1。

表 8-3-1　鼻疽伯氏菌的生化特征

氧化酶	V-P试验	葡萄糖	蔗糖	靛基质	甘露醇	肌醇	精氨酸	鸟氨酸	赖氨酸	纤二糖	水杨素	硝酸盐	侧金盏	明胶液化	42℃生长
+	-	+	-	-	+	-	+	-	-	-	-	+	-	-	-

4. 分离鉴定

（1）分离鉴定流程：鼻疽伯氏菌分离仅允许在生物安全三级实验室进行，分离鉴定流程见图 8-3-3。将病料接种于培养基，多种培养基均可培养鼻疽伯氏菌。在添加 3% 甘油的脑心浸润琼脂上，典型的鼻疽伯氏菌为圆形、无定型的半透明菌落。将疑似感染菌接种雄性豚鼠腹腔，可引起雄性豚鼠典型的睾丸炎和睾丸周围炎。睾丸肿胀化脓而后破溃，称为 Strauss（施特劳斯）反应，具有一定诊断价值，也可进行鼻疽伯氏菌鉴定。

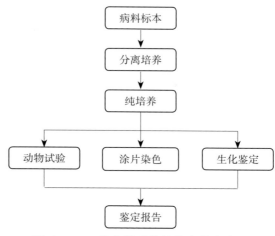

图 8-3-3　鼻疽伯氏菌的分离鉴定流程

（2）PCR 检测：普通 PCR 和荧光 PCR 可从病变组织、结节和全血白细胞层中检出本菌。针对部分基因设计的引物可以区分鼻疽伯氏菌、类鼻疽伯氏菌。此外，利用 16S rRNA 基因序列也可快速鉴别鼻疽伯氏菌和伪鼻疽伯氏菌。

第九章
革兰阴性微需氧菌和厌氧菌

第一节 弯曲菌属（*Campylobacter*）

弯曲菌属为革兰阴性微需氧弯曲样或螺杆样细菌，广泛存在于畜禽肠道内，可能引起人的腹泻发热和部分动物的流产。该菌属原归于弧菌，1973 年由 Veron 等人建议确定为一个新菌属，归于螺菌科，1994 版《伯杰氏细菌系统分类学手册》将其分为 15 种、7 亚种，2005 版又扩充至 30 个种（亚种）。其中，对畜禽养殖危害最大的为空肠弯曲菌（*Campylobacter jejuni*）、结肠弯曲杆菌（*Campylobacter coli*）等，而分离率和检出率最高的通常是空肠弯曲菌。

空肠弯曲菌（*Campylobacter jejuni*）

1. 染色形态

空肠弯曲菌革兰染色呈阴性，镜检多形态，可呈弧形、海鸥展翅形、S 形或螺旋形，长 1.5～5μm，宽 0.2～0.5μm，中间较宽，两端逐渐变细，3～5 个呈串或单个排列。陈旧培养物或大气环境等其他不适状态下，菌形常常变为球状［图 9-1-1（a）］。该菌无芽孢、无荚膜，菌体两端各有一根鞭毛，长度可达菌体 2～3 倍［图 9-1-1（b）］。

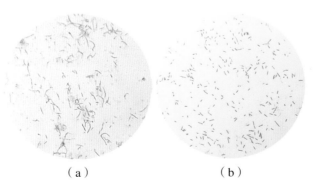

（a） （b）

图 9-1-1 空肠弯曲菌革兰染色形态
（a）新鲜培养状态；（b）大气环境放置后状态

2. 培养特性

空肠弯曲菌为微需氧菌，在大气环境或厌氧环境下均不生长，其最适宜的生长环境为 5% 氧气、10% CO_2 和 85% 氮气；最适生长温度为 42～43℃，37℃也可缓慢生长；适合生长的 pH 为 7.0～9.0，最适 pH 为 7.2。

空肠弯曲菌常用的分离培养基有 Preston 肉汤、Bolton 肉汤、mCCD 琼脂、Skirrow 琼脂或其他商品化显色培养基（图 9-1-2）。在 mCCD 琼脂平板上的菌落通常为淡灰色、有金属光泽、潮湿、扁平。在 Skirrow 琼脂平板上可出现多形态，第一型可疑菌落呈灰色、扁平、湿润、有光泽，常有沿接种线向外扩散的倾向；第二型可疑菌落常呈分散凸起的单个菌落，边缘整齐、发亮。空肠弯曲菌常规增菌培养可选用布氏肉汤和布氏琼脂平板、哥伦比亚血琼脂平板等。

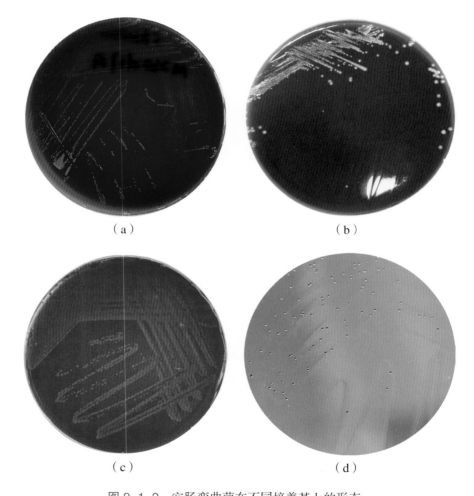

（a）　　　　　　　　　　　　　　（b）

（c）　　　　　　　　　　　　　　（d）

图 9-1-2　空肠弯曲菌在不同培养基上的形态

（a）mCCD 琼脂平板；（b）Skirrow 血琼脂平板；（c）哥伦比亚血琼脂平板；（d）显色培养基

3. 生化反应

空肠弯曲菌具有弯曲菌属生化特性不活泼的特点：不发酵糖类，不分解尿素，不液化明胶。其部分生化特性可与其他弯曲杆菌相区分：MR 试验、吲哚试验均为阴性，不产生色素，氧化酶和过氧化氢酶阳性；在含有 0.5% NaCl 培养基中能生长，含 3.5% NaCl 的培养基中不生长，1% 甘氨酸培养基、氯化三苯四氮唑（TTC40mg/100ml）培养基中能生长，对萘啶酸试验敏感，在三糖铁培养基中不产生 H_2S，用醋酸铅纸条测定可出现阳性。

4. 分离鉴定

（1）空肠弯曲菌的分离鉴定流程：空肠弯曲菌的分离鉴定通常需要先进行弯曲菌属的鉴定，然后再进行种的鉴定。其分离步骤可参考图 9-1-3，主要包括预增菌、增菌、分离培养、鉴定等步骤。

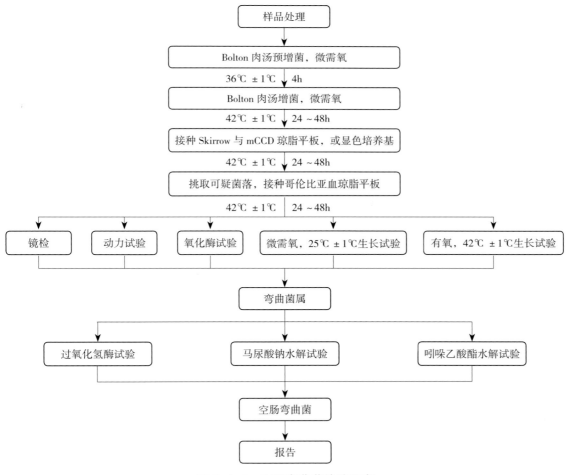

图 9-1-3 空肠弯曲菌检验程序

引自《食品微生物学检验 空肠弯曲菌检验》（GB 4789.9—2014）

弯曲菌属中大多数菌具有较为相似的培养及染色镜检特性，区别鉴定需要依靠生化试验（表9-1-1）。最常见、也是较难区分的两种为空肠弯曲菌和结肠弯曲菌，最可靠的试验是马尿酸钠水解试验。

表 9-1-1　几种常见弯曲菌的鉴定

特　　征	空肠弯曲菌 （*C. jejuni*）	结肠弯曲菌 （*C. coli*）	海鸥弯曲菌 （*C. lari*）	乌普萨拉弯曲菌 （*C. upsaliensis*）
过氧化氢酶试验	+	+	+	一或微弱
马尿酸盐水解试验	+	－	－	－
吲哚乙酸脂水解试验	+	+	－	+
头孢菌素敏感试验	R	R	R	S
萘啶啁酸敏感试验	S[a]	S[a]	R/S[b]	S

注：引自《食品微生物学检验空肠弯曲菌检验》（GB 4789.9—2011）。+，阳性；－，阴性；S，敏感；R，抑制；a，空肠弯曲菌和结肠弯曲菌对萘啶啁酸的耐药性呈现增长趋势；b，海鸥弯曲菌的不同菌株，分别表现为敏感或抑制。

（2）PCR分型检测技术：弯曲菌属的分离鉴定相对容易，但同属不同菌的分离鉴定相对较为复杂，往往要通过多种生化试验才能确定，但随着分子生物学检测技术的发展，PCR分型检测方法得到有效推广应用。多重PCR分型可快速鉴定弯曲菌属、空肠弯曲杆菌及结肠弯曲杆菌，PCR引物见表9-1-2。循环参数为94℃预变性10min；94℃变性1min，56℃退火40s，72℃延伸1min，30个循环；72℃再延伸7min。

表 9-1-2　弯曲菌 PCR 鉴定引物序列表

名　　称	引物名	序　　列	片段长度（bp）
弯曲菌属	16S-F	5′-GCGAAGAACCTACCYGGRCTTGATA-3′	314
	16S-R	5′-TCGCGRTATTGCGTCTCATTGTATATG-3′	
空肠弯曲杆菌	HIP-F	5′-GTACTGCAAAATTAGTGGCG-3′	149
	HIP-R	5′-CAAAGGCAAAGCATCCATA-3′	
结肠弯曲杆菌	CC-F	5′-GTTAAGAGTCACAAGCAAGT-3′	194
	CC-R	5′-CTAAAAATATCTAAACTAAGTCG-3′	

注：参考娜仁高娃，陈霞，吴聪明. 鸡源空肠弯曲菌和结肠弯曲菌的临床分离及多重PCR鉴定［J］. 中国兽医杂志 .2010.46（1）：38-39.

第二节 劳森菌属(*Lawsonia*)

劳森菌属隶属于变形菌门 δ 变形菌纲,微需氧,是一种严格的胞内寄生菌。本菌可引起猪或马驹的增生性肠炎。

胞内劳森菌(*L. intralellularis*)

1. 染色形态

胞内劳森菌为革兰阴性菌,抗酸,大多数菌无鞭毛,无芽孢,多呈细长的弯曲状或 S 形,大小为(1.25 ~ 1.75)μm ×(0.25 ~ 0.43)μm,具有波状的 3 层膜作外壁,能被 Warthin-Starry 银染色法着色,也可采用免疫组化法对感染猪回肠进行组织切片染色,或者采用免疫荧光试验在腺窝上皮细胞胞浆顶端显色出胞内劳森菌(图 9-2-1)。

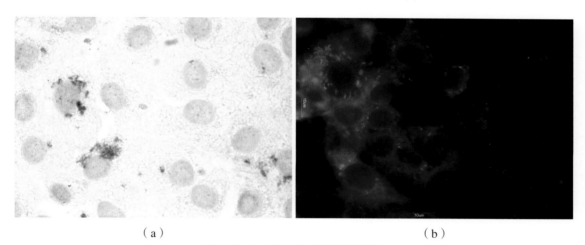

|(a)| |(b)|

图 9-2-1 胞内劳森菌染色形态

(a)免疫组化法染色;(b)免疫荧光法染色

2. 培养特性

目前,胞内劳森菌的培养必须在易感真核细胞中进行,无细胞培养基和肉汤中的生长试验至今未能获得成功。其易感真核细胞主要包括:鼠肠细胞、鼠结肠腺癌细胞、鼠纤维原细胞、人胎儿肠细胞、猪肾细胞、小猪肠上皮细胞和 GPC-16 细胞。培养技术可以采取吸附培养和悬浮组织培养。

3. 鉴别要点

胞内劳森菌分离难度大,培养过程复杂,目前世界上分离培养获得的菌株数量并不多。目前,在临床上胞内劳森菌引起的肠炎从肉眼上很难与猪圆环病毒等区分开,因此确诊还需要实验室诊断。常见的实验室诊断方法包括组织学检测（如 Warthin–Starry 银染法和免疫组化法）、血清学检测（如 ELISA 检测、IFAT 检测等）和 PCR 检测等。

第十章
分枝杆菌属及相似菌属

第一节　分枝杆菌属（*Mycobacterium*）

分枝杆菌属（*Mycobacterium*）归属于放线菌目、分枝杆菌科。本属菌的形态平直或弯曲细长，大小为长 1.0 ~ 10μm、宽 0.2 ~ 0.6μm。革兰阳性杆菌，因其细胞壁的特殊组成具有抵抗酸和乙醇脱色的特点而被称为抗酸菌，并作为经典的免疫佐剂被广泛应用。分枝杆菌属包括结核分枝杆菌复合群、禽分枝杆菌复合群、其他一些致病性分枝杆菌和腐生性分枝杆菌等。

本属菌在自然界分布广泛，已确定的有 100 多种。许多分枝杆菌是人和多种动物的病原菌，对动物有致病性的主要是结核分枝杆菌、牛分枝杆菌、禽分枝杆菌和副结核分枝杆菌。

牛分枝杆菌（*M.bovis*）

牛分枝杆菌可引起温血动物如牛、狗、猫、猪、鹦鹉、獾、鹿、骆驼、一些鸟类和人在内的类结核病。在 19 世纪后期，发达国家 25% 的人结核病由牛分枝杆菌引起。该菌的细胞免疫和体液免疫存在分离现象。迟发性变态反应常常被用于检测动物是否感染。

1. 形态染色

菌体较短而粗，稍弯曲，有时分枝呈丝状，单在、少数成丛，大小为（0.2 ~ 0.5）μm ×（1.5 ~ 4.0）μm。不产生鞭毛、芽孢或荚膜。革兰染色阳性。

本菌与一般革兰阳性菌不同，其细胞壁不仅有肽聚糖，还有特殊的糖脂。由于糖脂的作用，革兰染色不易着色。常用的抗酸染色法是齐尼二氏（Ziehl-Neelson）染色法，细菌被染成红色（图 10-1-1）。

图 10-1-1　牛结核杆菌抗酸染色

2. 培养特性

牛分枝杆菌属于专性需氧菌。对营养要求严格，5%～10% CO_2 可促进其生长。最适 pH 为 6.4～7.0。最适生长温度为 37～37.5℃，低于 30℃ 或高于 42℃ 均不生长。

牛分枝杆菌生长缓慢，培养期较长。因此，接种样品的固体培养基需用封口膜封住，防止培养基干燥。37℃ 培养 4～6 周后检查结果。常用的培养基有罗杰（Lowenstein-Jensen）培养基、改良罗杰培养基、丙酸酮培养基等。牛分枝杆菌在固体培养基上的菌落呈乳白色或米黄色，隆起，表面粗糙、边缘不整齐，呈颗粒状、结节状或菜花状；在液体培养基表面形成一层有皱褶的菌膜。

3. 生化反应

牛分枝杆菌与其他结核杆菌一样均不发酵糖类，但能产生触酶，硝酸还原、烟酸试验和烟酰胺酶试验均为阴性，以此可与结核分枝杆菌（人型菌）鉴别。具体见表 10-1-1。

表 10-1-1　结核分枝杆菌、牛分枝杆菌、禽分枝杆菌的生化特性

生化反应	结核分枝杆菌	牛分枝杆菌	禽分枝杆菌
脲酶	+	+	−
吡嗪酰胺酶	+	−	+
硝酸盐还原	+	−	−
酸性磷酸酶	+	+	−
触酶	+	+	+
热触酶试验	−	+	+
烟酸产生	+	−	−
对硝基苯甲酸	−	−	+
异烟肼	−	−	+
噻吩二羧酸酰肼	+	−	+

注：引自陆承平主编《兽医微生物学》（第五版）。+，阳性；−，阴性。

4. 分离鉴定

（1）牛分枝杆菌分离鉴定流程（图 10-1-2）：若菌落、菌体染色都不典型，则可能为非典型分枝杆菌，应进一步进行鉴别试验。

（2）分枝杆菌种间鉴别：结核分枝杆菌、牛分枝杆菌、禽分枝杆菌之间的生化反应有一定差异，利用生化反应的特点可以对其进行鉴别。

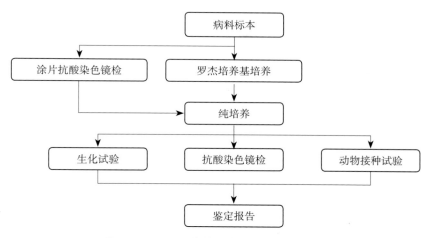

图 10-1-2　牛分枝杆菌分离鉴定流程

（3）动物试验：将分离纯化的培养物分别接种鸡、豚鼠和兔子，皮下或腹腔注射 0.5ml，禽分枝杆菌可使鸡致病，结核杆菌对豚鼠致病性强，牛分枝杆菌对兔子有致病性，一般于接种后 3 周至 3 个月死亡。

第二节　放线菌属（*Actinomyces*）

放线菌在分类上属于放线菌科、放线菌属，同属的病原菌有牛放线菌（*A. bovis*）、伊氏放线菌（*A. isaelii*）、黏性放线菌（*A. viscosus*）、化脓放线菌（*A. pyogenes*）、内斯兰德放线菌（*A. naeslundii*）、龋齿放线菌（*A. odontolyticus*）和猪放线菌（*A. suis*）。其中，伊氏放线菌是人放线菌病的主要病原体，对人的致病性强；牛放线菌感染牛和猪，是牛和猪放线菌病的主要病原；其他放线菌有一定致病性。放线菌属是一类能形成分枝菌丝的细菌，其菌丝直径小于 1μm，细胞壁含有与细菌相同的肽聚糖，不产生芽孢和分生孢子，革兰染色阳性。放线菌属通常寄居在人和动物的口腔、上呼吸道、胃肠道、泌尿道、生殖道，大多数无致病性，只有少数对人和动物有致病性。

牛放线菌（*A. bovis*）

牛放线菌主要引起牛或猪的放线菌病，是一种慢性化脓性肉芽肿性疾病，病变常向四周扩展并深入周围组织，脓汁中含有硫黄样颗粒。

1. 形态染色

牛放线菌形态随生长环境而异，在培养基上呈杆状或棒状，可形成 Y、V、T 字形排列的无隔菌丝，直径为 0.6 ~ 0.7μm（图 10-2-1）。牛放线菌为革兰阳性杆菌，不形成芽孢，在病灶中形成肉眼可见的针尖大小的黄白色小菌块，呈硫黄样颗粒状。颗粒放在载玻片上压平后革兰染色镜检呈菊花状，菌丝末端膨大，中央菌体呈紫色，向周围放射状排列的菌丝呈红色。

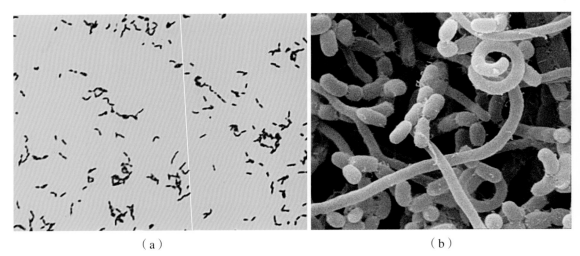

（a） （b）

图 10-2-1　牛放线菌镜下形态

（a）革兰染色；（b）扫描电镜图

2. 培养特性

初代培养需厌氧培养，pH 为 7.2 ~ 7.4，最适生长温度为 37℃。在含有甘油、血清或葡萄糖的培养基中生长良好。无菌采集脓汁接种于血平板上，37℃、厌氧培养 2 ~ 4 天能够观察到细小凸起且呈灰白色、半透明、不溶血的粗糙菌落，紧贴在培养基上。

3. 生化反应

该菌能发酵麦芽糖、葡萄糖、半乳糖、果糖、蔗糖、木糖、甘露醇，产酸不产气，产生硫化氢，甲基红试验阳性，吲哚阳性，不液化明胶，不还原硝酸盐。

4. 分离鉴定

（1）牛放线菌的分离鉴定流程：取少量脓汁加入无菌生理盐水中冲洗，沉淀后将硫黄样颗粒放在载玻片上，加 1 滴 5%KOH 溶液，盖上盖玻片镜检；或用盖玻片将颗粒压碎、固定，革兰染色镜检。见到菌丝末端膨大，呈放射状排列的菊花状。脓汁可接种血平板厌氧培养 1 周以上，可见到细小、圆形、半透明菌落，继续培养菌落不增大，革兰染色阳性，呈短杆状或细分枝菌丝。

（2）与其他细菌的鉴别：放线菌属在细菌培养和生化反应上有一定差异，参考表 10-2-1。

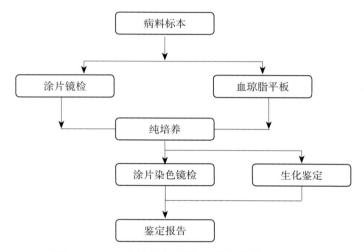

图 10-2-2　牛放线杆菌分离鉴定流程

表 10-2-1　对动物有致病性的放线菌的培养及生化特性

特　征	牛放线菌	伊氏放线菌	内氏放线菌	龋齿放线菌	黏性放线菌	化脓放线菌	猪放线菌
革兰染色	+	+	+	+	+	不定	+
丝状微菌落	不定	+	不定	不定	不定	−	不定
红色菌落	−	−	−	不定	−	−	−
触酶	−	−	−	−	−	+	−
甲基红试验	+	不定	+	不定	+	无	+
水解淀粉	+	不定	不定	不定	不定	不定	无
核糖	−	+	不定	不定	不定	+	不定
木糖	−	+	不定	不定	−	不定	+
甘露醇	不定	+	+	−	不定	不定	+
阿拉伯糖	−	不定	−	不定	−	不定	−
棉子糖	−	+	+	−	+	−	+

注：引自陆承平主编《兽医微生物学》（第五版）。+，阳性；−，阴性。

第三节　诺卡菌属（*Nocardia*）

诺卡菌属隶属于棒状杆菌亚门、放线菌纲，多为条件性致病菌，广泛存在于空气、土壤、水体、腐败植物及动物排泄物中。诺卡菌属对牛、马、犬、猫、水产动物等都能够机会性感染，当动物机体免疫力低下时，可能引起鱼类的结节病、犬类的全身性肉芽肿或化脓性病灶、牛或羊的乳腺炎等。诺卡菌中常见的星形诺卡菌、鼻疽诺卡菌等均可对养殖业造成不同程度的危害。

诺卡菌（*Nocardia*）

1. 染色形态

诺卡菌为革兰阳性菌，菌体多呈细长、分枝状或串珠状，老龄菌可断裂成杆状或球状、链球菌样孢子、孢子丝（图 10-3-1）。诺卡菌细胞壁含有分枝菌酸，故抗酸染色呈阳性。但大多数诺卡菌为弱阳性，抗酸染色法需进行改良并设立对照。

2. 培养特性

诺卡菌为需氧菌。对营养要求不高，普通培养基和真菌培养基均可生长。培养最适温度 37℃，室温也可生长。该菌增殖速度慢，初次分离培养通常需要 1 周的时间，因此在临床分离中常被忽视。

诺卡菌在不同培养基上会出现不同的菌落形态。一般情况下，该菌菌落干燥、表面粗糙、致密，菌落可生长深入培养基内部，可见气生菌丝。不同菌株在不同培养基上可出现多种菌落颜色，目前有报道的菌落颜色包括白色、黄色、黄褐色、浅粉色、紫色等（图 10-3-2）。

3. 生化特性

诺卡菌淀粉和明胶试验大多为阴性，触酶试验为阳性，分解葡萄糖，多数不分解甘露醇、肌醇、酪氨酸、酪蛋白和黄嘌呤。不同菌属的生化特性也存在一定差异，具体见表 10-3-1。

4. 分离鉴定

（1）分离培养时间长：诺卡菌的分离培养时间 1～28 天不等，通常初次分离培养时长超过 1 周，因此在临床上非常容易被忽视。有报道建议，在对疑似诺卡菌感染的病料至少进行分离时培养 2 周以上。

（2）细菌特性：诺卡菌菌落干燥，与培养基结合紧密，常不易被接种环挑取；细菌具有黏附性，常黏附于刮取的接种环上；菌落形态褶皱、致密，可形成气生菌丝。

（3）诺卡菌与分枝杆菌的鉴别：诺卡菌与分枝杆菌可通过革兰染色和抗酸染色进行鉴

别。诺卡菌革兰染色呈强阳性，抗酸染色呈弱阳性，常出现染色不均，盐酸乙醇易脱色；分枝杆菌革兰染色弱，抗酸染色强，不易脱色。

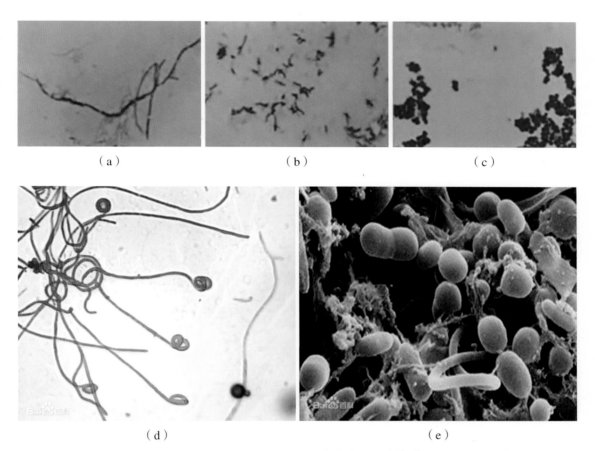

（a）　　　　　　　　　（b）　　　　　　　　　（c）

（d）　　　　　　　　　　　　（e）

图 10-3-1　诺卡菌不同形态染色及显微镜检

（a）、（b）、（c）为显微镜下不同形态的诺卡菌；（d）为诺卡菌属孢子丝镜检形态；（e）为诺卡菌属链球菌样孢子的扫描电镜照片

（a、b、c 引自张媛，张媛媛，万康林等 . 诺卡菌的培养和染色特征研究［J］. 中国人兽共患病学报 .2012，28（3）: 230-235；d、e 引自百度文库）

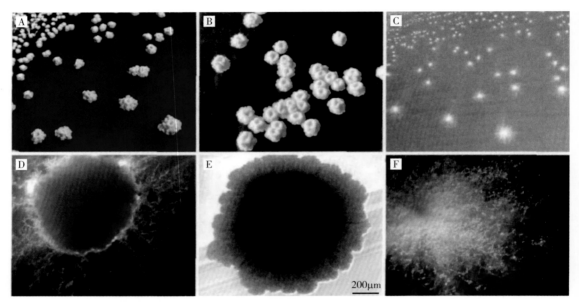

图 10-3-2 诺卡菌不同菌落形态及颜色示意

A、B、C 示意不同培养基上诺卡菌属的不同菌落形态及颜色特性；D、E、F 依次为 A、B、C 的放大单个菌落形态

（引自陈微 . 奶牛乳房炎性诺卡菌 *Nocardia cyriacigeorgica* 分离鉴定和致病机制研究［D］. 北京：中国农业大学，2017）

表 10-3-1 不同诺卡菌的生化特性

菌　种	45℃生长	芳基硫酸酯酶	硝酸盐	腺嘌呤	酪蛋白	七叶苷	次黄嘌呤	酪氨酸	乙酰胺	枸橼酸盐	鼠李糖
星形诺卡菌	-	+	+	-	-	-	-	-	-	-	-
脓肿诺卡菌	-	-	+	-	-	-	-	-	-	+	-
巴西诺卡菌	-	-	+	-	+	+	+	+	-	-	-
皮氏诺卡菌	-	-	-	-	-	-	-	+	+	+	+
豚鼠耳炎诺卡菌	V	ND	-	-	-	+	+	-	-	-	-
假巴西诺卡菌	-	-	-	+	+	+	-	+	ND	+	-

注：+，90% 以上菌株阳性；-，90% 以上菌株阴性；V，11%～89% 菌株阳性；ND，无资料。

第十一章
支原体、衣原体、立克次体和螺旋体

第一节　支原体（*Mycoplasma*）

支原体（*Mycoplasma*）无细胞壁，具有多形性，能通过细菌滤器，常污染实验室培养的细胞及生物制品。对人或畜禽有致病性的有 30 多种，其中对猪具有致病性的支原体有猪肺炎支原体、猪鼻支原体、猪滑液支原体等，对禽类具有致病性的支原体有鸡毒支原体、滑液囊支原体、火鸡支原体等。

支原体对培养基的要求较高，比一般细菌难培养。由于无细胞壁，对环境的影响更敏感，易被灭活。培养时需注意以下事项。

（1）支原体不耐干燥，用固体培养基培养时应保持一定湿度。

（2）初次分离的支原体多数为兼性厌氧，一般在 5% ~ 10% CO_2 和相对湿度 80% ~ 90% 环境中均能生长，无条件时可用烛缸代替。

（3）固体培养基菌落小，必须在低倍显微镜下才能观察到。

（4）固体培养基琼脂浓度应小于 1.2%，以利于"油煎荷包蛋"状典型菌落的形成。

（5）支原体在液体培养基中生长量较少，培养基清亮，观察时需与未接种管作对比来识别，通常要作 4 ~ 5 代连续移植来提高分离率。

（6）将无菌病料用液体培养基稀释，37℃培养 2 ~ 7 天。污染的病料可过滤除菌后接种。

（7）新分离菌株在鉴定前必须先进行细菌 L 型鉴定和 2 ~ 3 次克隆、纯化。支原体在不含青霉素的培养基中连续传代 5 次，不恢复为细菌形态；细菌 L 型是将液体培养物通过 0.45μm 孔径滤器过滤后，再固体培养，挑选散在、单个菌落液体培养，连续 2 ~ 3 次。支原体与细菌 L 型极相似，在检测过程中较难区分，其区别见表 11-1-1。

附录　常用培养基

（1）A26 液体培养基（1000ml）

Hartley 氏牛心消化汤：300ml　　　　　　1%水解乳蛋白物 Hank's 氏液：490ml

调节 pH 为 7.6，115℃高压蒸汽灭菌 10min，冷却至 55 ~ 60℃时，添加以下无菌的或过滤除菌的成分，混匀。

青霉素溶液（100 000IU/ml）：2.0ml　　　　健康猪血清：200ml

鲜酵母酸浸液：5.5ml　　　　　　　　　　　5%醋酸铊溶液：2.5ml

（2）A26 固体培养基（1000ml）

Hartley 氏牛心消化汤：300ml　　　　　　　1% 水解乳蛋白物 Hank's 氏液：490ml

0.9% 琼脂：9g

调节 pH 为 7.6，115℃高压蒸汽灭菌 10min，冷却至 55～60℃时，添加以下无菌的或过滤除菌成分，混匀后，倾倒平板。

青霉素溶液（100 000IU/ml）：2.0ml　　　　健康猪血清：200ml

鲜酵母酸浸液：5.5ml　　　　　　　　　　　5%醋酸铊溶液：2.5ml

（3）改良 Frey 氏培养基配方

基础液：

NaCl：5g　　　　　KH_2PO_4：0.1g　　　　KCl：0.4g　　　　　$MgSO_4 \cdot 7H_2O$：0.2g

Na_2HPO_4：1.6g　　　葡萄糖：10g　　　　　水解乳蛋白：5g　　　去离子水：1 000ml

培养液：

基础液：88%　　　　　　　灭活猪血清：12%　　　　　　醋酸铊：0.012 5%

青霉素：1 000U/ml　　　　　辅酶（NAD+）：0.01%　　　　酚红：0.002%

取基础液 88%，用 0.1M 的 NaOH 调制 pH 至 7.7～7.8，121℃高压灭菌 15min，冷却至 55～60℃时，添加其余已过滤除菌的成分，混匀，分装。

（4）ATCC 培养基—1699 Revised Mycoplasma Medium（改良支原体培养基）

心浸液肉汤：7.5g　　　　　　琼脂：10g　　　　　　　去离子水：660ml

调节 pH 为 7.4，121℃高压灭菌 15min，冷却至 55～60℃时，添加以下已过滤除菌的成分，混匀后，倾倒平板。

Hank's 平衡盐溶液（10×）：40ml　　　　PBS 缓冲液（含 5% 水解乳蛋白）：100ml

20% 健康猪血清（灭活）：200ml　　　　　酵母浸出液：20ml　　　0.25% 酚红：10ml

（5）Hank's 平衡盐溶液（1 000ml）

NaCl：80g　　　$Na_2HPO_4 \cdot 7H_2O$：0.9g　　　$CaCl_2$：1.4g　　　　KCl：4g

KH_2PO_4：0.6g　　$MgCl_2 \cdot 6H_2O$：1.0g　　　$MgSO_4 \cdot 7H_2O$：0.9g　　葡萄糖：10g

（6）双相培养基

固体培养基斜面在底部，在上部加入液体培养基。

表 11-1-1　支原体与细菌 L 型的比较

项　目	支　原　体	细菌 L 型
形态	固有生命形态	细菌变异形态
革兰染色	G⁻	G⁻
形态	多形态	多形态
狄氏染色	深蓝紫色，不褪色	不着色
菌落形态	菌落较小，0.1～0.3mm，菌落陷入琼脂中生长	菌落稍大，0.5～1.0mm 菌落，陷入琼脂浅或不陷入，颗粒粗糙
液体培养情况	液体培养混浊度极低，形成团块需放大观察	液体培养混浊度低，形成团块肉眼可见
无抗生素培养基	恒定，保持固有形态	可恢复原来细菌形态
抗生素培养基	对影响细胞壁合成的抗生素抵抗，对作用于蛋白质合成的抗生素敏感	对影响细胞壁合成的抗生素抵抗，对作用于蛋白质合成的抗生素敏感
对胆固醇的需要	除无胆甾原体外，均需胆固醇	一般不需要，需高渗条件
对洋地黄皂苷的作用	敏感	有抵抗性
抗体抑制试验	能抑制生长	无抑制作用
DNA 的（G+C）%	含量比细菌低（23%～41%）	含量高，与细菌相同（大于 41%）
自然界存在情况	自然界中广泛存在	自然界中很少存在，由多种因素诱导产生，可在实验室形成

注：狄氏（Dienes）染液配方：亚甲蓝 2.4g，麦芽糖 10.0g，天青 1.25g，NaCl 0.25g，蒸馏水 100ml。

猪肺炎支原体（*M.hyopneumoniae*，*Mhy*）

猪肺炎支原体自然感染仅见于猪，以哺乳仔猪和幼猪最易感，临床表现为咳嗽和气喘，发病率高，死亡率低。

1. 形态染色

形态多样，*Mhy* 液体培养物涂片瑞氏染色镜检，可见到以点状、环形为主，也见球状、两极杆状、丝状、新月状，多见单个菌体，也有几个在一起似长丝串联而成（图 10-1-1），可通过 0.2μm 孔径滤膜。

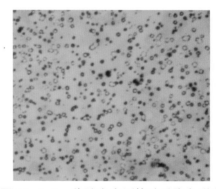

图 11-1-1　猪肺炎支原体瑞氏染色形态

2. 培养特性

兼性厌氧。对营养要求苛刻，一般培养基很难生长。目前常用培养基有 ATCC 培养基、改良支原体培养基、1699 Revised Mycoplasma Medium、A26 培养基等。将病料接种到 1 ~ 2ml 的液体培养基的试管或青霉素瓶中（需胶塞），37℃、静止或振荡密闭培养。*Mhy* 在培养过程中能发酵培养基中的葡萄糖产酸而使 pH 发生变化，通过酚红指示剂可以观察到培养基颜色的变化。在液体培养基中初次分离生长缓慢，需培养 3 ~ 30 天，一般接种后 3 ~ 7 天可以使培养基的 pH 从 7.6 变为 6.8，颜色由红变黄。支原体在液体培养基中生长量较少，生长后培养基清亮，有的产生浅淡的均匀混浊，观察时须与空白对照管比较。在传代过程中需每天观察 pH 变化，pH 到 6.8，培养基颜色由红变黄要及时处理，或继续传代，pH 到 6.7 以下，*Mhy* 不适宜生长。将产酸的培养物重新接种于新鲜液体培养基中，多次接种，如果培养 1 ~ 2 天培养基的 pH 降至约 6.8，表明支原体已适应生长。通常将适应在液体培养基上生长的培养物接种到固体培养基上，在 5% ~ 10% CO_2 的潮湿培养箱中，经 37℃培养 5 天左右发现细小菌落，需在低倍显微镜或体视显微镜下观察，典型菌落为圆形、边缘整齐、灰白色、半透明、中间凸起的乳头状菌落，表面有许多小颗粒，菌落直径 100 ~ 300μm，不呈"荷包蛋状"。

3. 生化特性

详见表 11-1-2。

表 11-1-2　动物致病性支原体的生化特性

种　　名	葡萄糖	甘露醇	精氨酸	尿素	磷酸酶活性	产生膜和斑	四氮唑还原需氧/厌氧	液化明胶	吸附血球
猪肺炎支原体	x	x	−	−	−	w	−/w	V	−
猪鼻支原体	+	−	−	−	+	−	+/+	−	−
猪滑液支原体	−	−	+	−	−	+	−/−	V	
鸡毒支原体	+	+	−	−	−	−	+/+	−	+
滑液支原体	+	−	−	−	−	+	−/w	V	d
火鸡支原体	−	−	+	−	+	−	−/+	V	d

注：d，菌株不同有变化；w，弱反应；x，报告不一致；V，反应不定。

4. 分离鉴定

（1）分离培养时，取病肺组织剪成 1 ~ 2mm 的碎块放入液体培养基中培养，或将采集的呼吸道分泌物棉拭子置液体培养基中，液体培养基过滤器除菌后置 37℃培养，进行 4 ~ 5 代连续移植以提高分离率。当液体培养物出现疑似菌体时，应适当稀释接种于固体培养基，在 5% ~ 10% CO_2 环境置 37℃培养 3 ~ 10 天，逐日观察有无菌落。

从病肺组织常分离出猪鼻支原体，因其易于培养且生长迅速，常在培养基中加入抗猪鼻支原体兔血清或加入有选择抑制作用的抗生素（环丝氨酸或庆大霉素），以提高 *Mhy* 的分离率。

（2）PCR 检测

① 模板制备：取 1ml*Mhy* 菌液或待检支气管肺泡灌洗液于离心管中，12 000r/min 离心 30min，弃上清，沉淀用无菌去离子水重悬；100℃水浴 10min 后 10 000r/min 离心 10min；收集上清，即为 PCR 模板，–20℃保存备用。

② 引物序列：

P1：5′–TTA GTG TCT CCC GTT ATG–3′

P2：5′–GAA ATC CGT ATT CTC CTC–3′

P3：5′–TTA CAG CGG GAA GAC C–3′

P4：5′–CGG CGA GAA ACT GGA TA–3′

③ 第 1 次 PCR 扩增体系：premix 12.5μl，ddH_2O 7.1μl，P1 和 P2 引物各 0.2μl，模板 5μl。扩增条件：95℃预热 5min；95℃ 30s，42℃ 30s，72℃ 1min，扩增 34 个循环；72℃延伸 8min。扩增长度为 621bp。

④ 套式 PCR 扩增体系：premix 12.5μl，ddH_2O 11.1μl，P3 和 P4 引物各 0.2μl，模板为第一次扩增产物 1μl。扩增条件：95℃预热 5min；95℃ 30s，51℃ 30s，72℃ 30s，扩增 34 个循环；72℃延伸 8min。扩增长度为 427bp。

猪鼻支原体（*M. hyorhinis*）

猪鼻支原体是猪鼻腔的常在菌，猪喘气病最常见的继发菌，引起 10 周龄以下小猪发生多发性浆膜炎和关节炎。猪鼻支原体可污染猪肾细胞等细胞培养，引起细胞病变，是细胞培养中最常见的污染支原体。

1. 形态染色

呈多形性，但罕见两极杆菌状或灯泡状。

2. 培养特性

营养要求比猪肺炎支原体低，在培养基中容易生长，繁殖快，在 PPLO 肉汤中加入 13% ~ 15% 的健康猪血清和 10% 的酵母浸出液，37℃培养 24h 就能生长到对数期。在固体培养基中表现典型的"荷包蛋样"菌落形态，在低倍显微镜下观察到圆形、边缘整齐，菌落周围光亮、透明，菌落中心深埋于培养基中、致密、色暗。能在 6 ~ 7 日龄鸡胚尿囊液、卵黄囊中及猪肾细胞培养中繁殖。

3. 生化特性

多数菌株能发酵葡萄糖产酸，不利用精氨酸，水解尿素，不吸附红细胞。

猪滑液支原体（*M.hyosynoviae*）

猪滑液支原体可引起 3～6 月龄猪发生急性滑膜炎和关节炎，随着病程的延长，本菌的分离率迅速降低，至 18～24 天仅在扁桃体尚能分离到残存的病原。

1. 形态染色

呈丝状、球状等多形性。

2. 培养特性

最适宜接种在固体培养基中，置 5% CO_2 和 95% N_2 的环境中培养，37℃经 3～4 天可形成较大的、中心隆起的菌落。在含马、火鸡血清的培养基上能产生薄膜和斑点。不能液化和凝固血清。在液体培养物中可见烂漫状生长物，在试管底部和管壁出现颗粒状物，在表面形成蜡状膜。

3. 生化特性

不发酵葡萄糖，水解精氨酸和尿素。详见表 11-1-2。

鸡毒支原体（*M.gallisepticum*，MG）

又名禽败血支原体，引起鸡和火鸡等多种禽类慢性呼吸道疾病。

1. 形态染色

卵球形、短杆状为主的多形性，直径 0.2～0.5μm，细胞的一端或两端具有"小泡"极体（图 10-1-2）。

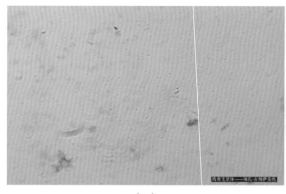

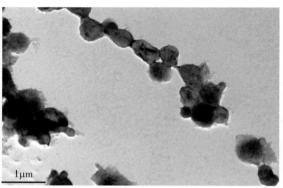

|（a）||（b）|

图 11-1-2　鸡毒支原体镜下形态

（a）瑞氏姬姆萨染色形态；（b）透射电镜照片

2. 培养特性

（1）培养条件：需氧和兼性厌氧。对营养要求苛刻，一般需 10% ~ 20% 的灭活猪、牛或马血清。因不同个体猪血清差异大，常将几种动物血清混合使用。常用 Frey 氏培养基，需加入醋酸铊和青霉素抑制杂菌的生长。

（2）常用培养基上的生长形态：固体培养基经 3 ~ 10 天可形成细小菌落，在低倍显微镜下观察到边缘光滑、半透明、中央有颜色较深且致密的乳头状突起、外周疏松的典型的荷包蛋样菌落，直径 0.2 ~ 0.3mm，初次分离菌落不典型（图 11-1-3）。在液体培养基中加酚红指示剂，37℃经 2 ~ 5 天呈现轻度混浊乃至均匀混浊。鸡毒支原体可通过接种鸡胚卵黄囊进行培养，在 4 ~ 10℃至少存活 3 个月。

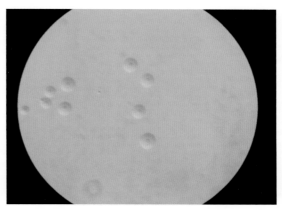

图 11-1-3 鸡毒支原体荷包蛋样菌落

3. 生化特性

可发酵葡萄糖和甘露醇，可吸附鸡红细胞，但可被相应的抗血清所抑制，详见表 11-1-2。生长于固体培养基上的 MG 菌落，在 37℃可吸附鸡的红细胞。可以在固体培养基表面滴数滴 0.25% 鸡红细胞液，静置 15min，倾去红细胞液，生理盐水轻洗 2 ~ 3 次后在低倍镜下观察，可见菌落表面吸附有多量红细胞。

4. 分离鉴定

（1）分离培养时，采集眶下窦渗出液、气管、气囊、肺等病料进行病原体分离。培养方法可参照猪肺炎支原体的方法。为提高分离率，可以在培养基中加入一定量的鸡血清和鸡肉汤。

（2）鸡毒支原体 PCR 检测

① 模板制备：取 1ml 待检的气管棉拭子 PBS 液体于离心管中，14 000r/min 离心 30min，弃上清，沉淀用 25μl 无菌去离子水重悬；100℃水浴 10min，冰浴 10min，14 000r/min 离心 5min；收集上清，即为 PCR 模板，−20℃保存备用。

② 鸡毒支原体引物序列：

MG-14F：5′-GAG CTA ATC TGT AAA GTT GGT C-3′

MG-13R：5′-GCT TCC TTG CGG TTA GCA AC-3′

③ 扩增体系：premix 12.5μl，ddH2O 9.5μl，引物各 0.25μl，模板 2.5μl。

扩增条件：94℃预热 5min；94℃ 30s，55℃ 30s，72℃ 1min，扩增 40 个循环；72℃延伸

5min。扩增长度为 185bp。

鸡滑液支原体（*M.synoviae*，MS）

可导致鸡和火鸡传染性滑液囊炎，经蛋传递。

1. 形态染色

球状或球杆状，直径 0.2 ~ 0.4μm，比鸡毒支原体稍小。

2. 培养特性

营养要求比鸡毒支原体更高，生长过程比鸡毒支原体缓慢。常用 Frey 氏培养基，需加入 10% ~ 20% 的灭活猪血清。MS 接种固体培养基，在 5% ~ 10% CO_2 的潮湿培养箱中，37℃经 3 ~ 7 天可形成"煎荷包蛋"样菌落，直径 0.1 ~ 0.3mm，培养至 10 天以上在培养基表面可形成膜斑。能在 5 ~ 7 日龄的鸡胚中繁殖，能致死鸡胚，并呈现鸡胚水肿、出血，肝、脾、肾肿大及肝坏死病变。能在鸡肾和鸡气管细胞上增殖。

3. 生化特性

发酵葡萄糖，在 pH 6.9 以下时不稳定，在 –63℃中可存活 7 年，–20℃中存活 2 年，对氯霉素、四环素类、链霉素等敏感，见表 11–1–2。

4. 分离鉴定

（1）分离培养时，可采取急性病鸡的关节渗出液、肝、脾等为材料，以营养肉汤 1 : 10 倍稀释，初代分离时最好先接种于鸡胚的卵黄囊内，待鸡胚出现典型病变并收获卵黄囊、尿囊液或羊膜液，将其分别接种于改良 Frey 氏培养基中，如果生长即可作为初步诊断。

（2）滑液支原体 PCR 检测

① 模板制备：参考鸡毒支原体。

② 滑液支原体引物序列：

MS - F：5′ GAT GCG TAA AAT AAA AAG AT –3′

MS - R：5′ GCT TCT GTT GTA GTT GCT TC –3′

③ 扩增体系：premix 12.5μl，ddH_2O 9.5μl，引物各 0.25μl，模板 2.5μl。

④ 扩增条件：95℃预热 4min；95℃ 30s，55℃ 30s，72℃ 90s，扩增 40 个循环；72℃延伸 15min。扩增长度为 373bp。

火鸡支原体（*M.meleagridis*，MM）

引起火鸡孵化率下降、雏火鸡气囊炎、骨畸形，经蛋传递。

1. 形态染色

在液体培养基中的菌体呈球状，直径约 0.4μm，有时单在、双球或成小丛排列，不具有鸡毒支原体典型的气泡样结构。

2. 培养特性

兼性厌氧，最适生长温度为 37~38℃。初代分离时用固体培养基，液体培养基中不生长。通常使用双相培养基，在液体培养基中不生长。传代菌株可采用 PPLO 肉汤，添加 10%~20% 的灭活的马血清或猪血清和 5% 酵母浸出物，生长良好。也可使用改良的 Frey 培养基。培养基的 pH 上升，与鸡毒支原体、滑液支原体培养结果相反。在固体培养基上培养 2~3 天，可形成扁平、中心粗糙的微小菌落，直径 20~40μm。琼脂培养基上的培养物在室温中可存活最少 6 天。琼脂斜面培养物上面加肉汤，在 −30℃ 保存 2 年。冻干培养物在 −70℃ 可保存 5 年以上。

3. 生化特性

不发酵葡萄糖和甘露醇，不吸附和凝集禽类红细胞，见表 11-1-2。

第二节　衣原体（*Chlamydia*）

衣原体是进化关系介于立克次体与病毒之间的一类原核细胞型微生物，呈圆形或卵圆形，革兰染色呈阴性，严格的细胞内寄生，能通过细菌滤器，可经独特发育周期以二分裂法繁殖并生成包涵体。根据《伯杰系统细菌学手册》（第 2 版），衣原体属于衣原体门（Chlamydiae）、衣原体纲（Chamydiia）、衣原体目（Chlamydiales）、衣原体科（Chlamydiaceae）下的衣原体属和亲衣原体属。衣原体属的成员有：鼠衣原体（*C. muridarum*）、沙眼衣原体（*C. trachomatis*）和猪衣原体（*C. suis*）。亲衣原体属的成员有：鹦鹉热亲衣原体（*P. psittaci*）、肺炎亲衣原体（*P. pueumoniae*）和家畜亲衣原体（*P. pecorum*）、流产亲衣原体（*P. abortus*）、猫亲衣原体（*P. felis*）、豚鼠亲衣原体（*P. caviae*）等。

衣原体具有独特的发育周期，它在宿主细胞内生长繁殖时有两种不同的发育阶段，原体（elementary body）和网状体（reticulate body）或始体（intial body），发育周期见图 10-2-1。原体呈球形、梨形或椭圆形，是发育成熟的衣原体，无鞭毛和纤毛，存在于细胞外，具有感染性，马基维诺染色呈红色，姬姆萨染色呈紫色。网状体呈圆形或椭圆形，可通过二分裂的方式繁殖，不能在胞外存活，无感染性，马基维诺和姬姆萨染色均呈蓝色（表 11-2-1）。

衣原体的宿主范围很广，能够引起人和家畜家禽的衣原体病，影响畜牧业发展和人类健康。动物衣原体病中鹦鹉热亲衣原体病和羊地方性流产是国际贸易中需要检疫的疾病，也是我国规定的三类动物疫病。

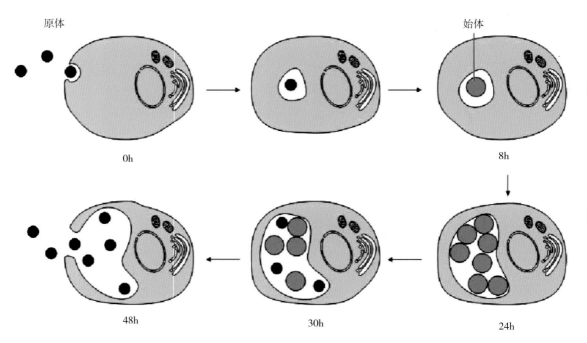

图 11-2-1　衣原体的发育周期

0h：宿主细胞吞噬原体；8h：原体转化成网状体；24h：始体二分裂增殖；30h：始体浓缩形成原体；
48h：宿主细胞破裂，释放原体

表 11-2-1　衣原体原体和网状体的性状

性　　状	原　　体	网　状　体
大小（直径）（μm）	0.2 ~ 0.4	0.5 ~ 1.0
细胞壁	+	−
代谢活性	−	+
胞外稳定性	+	−
感染性	+	−
繁殖能力	−	+
RNA：DNA 比值	1	3 ~ 4

鹦鹉热亲衣原体（*P. psittaci*）

鹦鹉热亲衣原体（*P. psittaci*）广泛分布于世界各地，可引起家禽、鸟类和人发病。由鹦鹉热亲衣原体引起的禽衣原体病（Avian Chlamydiosis，AC）是以呼吸道和消化道病变为特征的一种急性或慢性传染病，可对养禽业和公共卫生安全带来严重危害，是世界动物卫生组织（WOAH）规定必报告的动物传染病。

鹦鹉热亲衣原体由 8 个血清型组成（表 11-2-2），每个血清型能够感染特定的动物。

表 11-2-2　鹦鹉热亲衣原体的血清型及宿主

血 清 型	代 表 株	宿 主
A	VS1	鹦鹉
B	CP3	家鸽、野鸽
C	GR9	鸭、鹅、火鸡、鹧鸪
D	NH	火鸡、白鹭、海鸥
E	MN	家鸽、火鸡、鸭、鸵鸟、美洲鸵
F	VS225	鹦鹉
M56	M56	麝鼠、雪鞋野兔
WC	WC	牛

1. 形态染色

鹦鹉热亲衣原体的细胞呈圆形或椭圆形，直径 0.3 ～ 0.5μm，无运动能力，革兰染色阴性。细胞壁的结构成分与其他革兰阴性菌相似，脂多糖是构成细胞壁的成分，具有属特异性。细胞质中含有 DNA 和 RNA，见图 10-2-2。

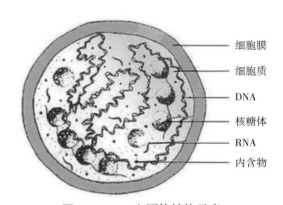

图 11-2-2　衣原体结构示意

细胞膜
细胞质
DNA
核糖体
RNA
内含物

2. 培养特性

衣原体是严格细胞内寄生，不能用人工培养基培养，目前培养的方法包括鸡胚或鸭胚培养、细胞培养及动物接种。将衣原体接种于 5 ～ 7 日龄鸡胚或 8 ～ 10 日龄鸭胚中，胚胎一般在 3 ～ 5 天后死亡。此时将卵黄膜涂片镜检，可观察到网状体颗粒、元体和包涵体。培养鹦鹉热亲衣原体常用细胞系有 Vero、McCoy、BGM、HeLa 和 L929 细胞。

3. 分离鉴定

（1）分离鉴定流程：见图 11-2-3。

（2）PCR 检测：衣原体的分子生物学检测是近年来发展起来的检测方法，包括

PCR 技术和核酸探针技术，靶基因主要选择 *ompA* 基因和 16S-23rRNA 基因。在 WOAH 的《陆生动物诊断试验与疫苗手册》中，提供了一种荧光 PCR 方法，该方法可用来检测鹦鹉热衣原体。上游引物：5′-CACTATGTGGGAAGGTGCTTCA-3′，下游引物：5′-CTGCGCGGATGCTAATGG-3′，MGB 探针：FAM-CGCTACTTGGTGTGAC-TAMRA。反应程序是 95℃，10min；95℃，15s，45 个循环；60℃，1 分钟。

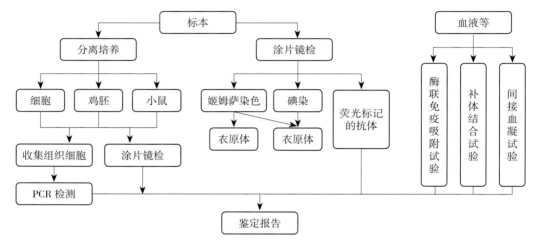

图 11-2-3　鹦鹉热亲衣原体的鉴定流程

流产亲衣原体（*P. abortus*）

流产亲衣原体可感染人与动物，能引起羊、牛、马和鹿的繁殖障碍，同时对孕妇也可造成危害。由流产亲衣原体引起的羊地方性流产是兽医临床较为重要的疾病，可造成怀孕母羊的发热、流产、产弱羔和死胎。世界动物卫生组织将该病列为必须报告的传染病。我国将其列为三类动物疫病。

1. 形态染色

流产亲衣原体的细胞呈球状、椭圆形或梨形，直径 0.2 ~ 0.4μm，马基维洛染色呈红色，姬姆萨染色呈紫色。细胞质中含有 DNA 和 RNA。网状体的直径可达 0.7 ~ 1.5μm，马基维洛和姬姆萨染色均呈蓝色。包涵体经革兰染色呈阴性，姬姆萨染色呈紫色。

2. 培养特性

流产亲衣原体是严格细胞内寄生，不能用人工培养基培养，常用的方法包括鸡胚或鸭胚培养、细胞培养和动物接种。可用 6 ~ 8 日龄鸡胚或 8 ~ 10 日龄鸭胚培养，胚胎一般在 3 ~ 5 天后死亡。此时将卵黄膜进行涂片镜检，可观察到网状体颗粒、元体和包涵体。细胞可选择 BHK-21、McCoy、HeLa-299 等。为了使更多的病原体吸附到细胞表面，达到更好的培养效果，可通过离心，然后加入二乙氨基乙基葡聚酸或者用 X 射线照射细胞培养物。

3. 分离鉴定

流产亲衣原体的鉴定流程见图 11-2-4。

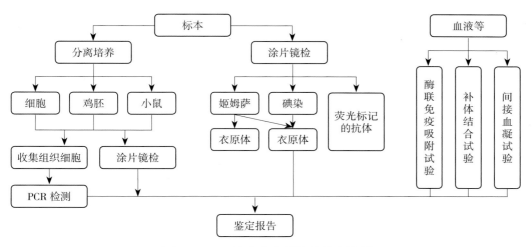

图 11-2-4 流产亲衣原体的鉴定流程

第三节 立克次体（*Rickettsia*）

立克次体是一类严格细胞内寄生的原核单细胞微生物，革兰染色阴性。天然寄生于多种吸血节肢动物和昆虫体内。立克次体属变形菌门（Proteobacteria）、α 变形菌纲（Alphaproteobacteria）、立克次体目（Rickettsiales）、立克次体科（Rickettsiaceae）中的立克次体属（*Rickettsiaceae*）。立克次体属可分为 3 个生物型，斑点热群、斑疹伤寒群和遗传群。目前已知的立克次体有 20 余种。

致病性立克次体的主要贮存宿主是啮齿类动物或家畜、犬猫等，疾病主要通过吸血节肢动物传播，媒介昆虫是蜱、螨、虱和蚤等。立克次体主要感染人类，一般呈急性发病，表现为发热、皮疹、头痛、关节痛和多器官衰竭等症状。人的疾病经治愈后可获得免疫力，且不同立克次体之间有交叉保护性。家畜家禽等在自然状态下感染的症状尚不清楚，家畜感染仅有血清学证据。在人工感染实验动物如小鼠时，小鼠会呈现出不同的发病症状。

莫氏立克次体（*R.moseri*）

1. 形态染色

莫氏立克次体呈杆状或球状，长 0.2 ~ 0.9μm，宽 0.3 ~ 0.4μm，一般不能通过细菌滤器，见图 11-3-1。有细胞壁，无鞭毛。革兰染色阴性，姬姆萨染色呈紫色，可出现两极浓

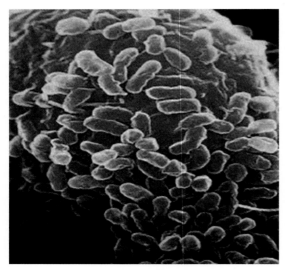

图 11-3-1 立克次体电镜扫描照片

染，吉曼尼兹（Gimenez）染色和马基维诺（Macchiavello）染色呈红色。

2. 培养特性

莫氏立克次体不能在人工培养基上生长，常用动物接种（豚鼠、小鼠）、鸡胚接种（鸡胚卵黄囊）和细胞培养等方法进行培养，最适生长温度 35℃。莫氏立克次体依赖宿主细胞提供的 ATP 和辅酶 A 等，以二分裂方式进行繁殖，但繁殖速度较细菌慢，一般 9～12h 繁殖一代。

3. 分离鉴定

莫氏立克次体的分离鉴定流程见图 11-3-2。

立克次体感染的诊断较为困难，无特异性临床症状，除结合发病史外，确诊还需要实验室检测。临床上常使用的方法包括外斐氏反应和免疫荧光试验，以及实时荧光定量 PCR 方法。此外，还有一些对特种立克次体诊断的方法，如莫氏立克次体接种雄性豚鼠腹腔，可引起阴囊明显肿胀，称为"豚鼠阴囊现象"。

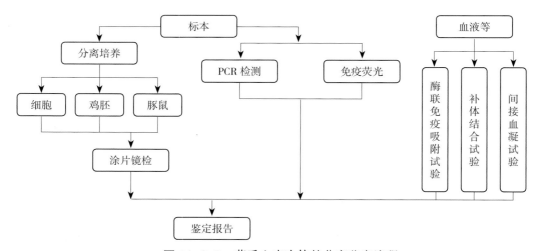

图 11-3-2 莫氏立克次体的分离鉴定流程

第四节　螺旋体（*Spirochaete*）

短螺旋体属（*Brachyspira*）

短螺旋体属最早归类于密螺旋体属。1991 年，Stanton 等将此属归入新建的蛇螺旋体属。1997 年 Ochiai 等又将蛇螺旋体属归入新建的短螺旋体属。短螺旋体属成员的细胞呈疏松、规则的螺旋形，长 7 ~ 9μm，宽 0.3 ~ 0.4μm，能屈曲或蛇形运动。该属主要成员包括阿勒堡短螺旋体（*B. aalborigi*）、鸡痢疾短螺旋体（*B. alvinipulli*）、猪痢疾短螺旋体（*B. hyodysenteriae*）、无害短螺旋体（*B. innocens*）、中间短螺旋体（*B. intermedia*）、默多齐短螺旋体（*B. murdochii*）、大肠毛状短螺旋体（*B. pilosicoli*）等。

猪痢疾短螺旋体（*B.hyodysenteriae*）

猪痢疾短螺旋体引起猪的肠道感染，以大肠黏膜卡他性、出血性和坏死性炎症为特征，导致发病猪黏液性出血性下痢。猪痢疾于 1921 年在美国首次发现，但直到 1972 年才发现该病的病原为螺旋体，并命名为猪痢疾密螺旋体，1991 年将其命名为猪痢疾蛇形螺旋体，现在统一命名为猪痢疾短螺旋体。

1. 形态染色

猪痢疾短螺旋体菌体长 6 ~ 9μm，直径 0.3 ~ 0.5μm，多为 2 ~ 4 个弯曲，两端尖锐，形似双燕翅状 ［图 11-4-1（a）］。在暗视野显微镜下，可见其进行活泼的蛇形运动。菌体表面有鞭毛，这有助于其穿透并向肠壁上皮黏膜进行移动。

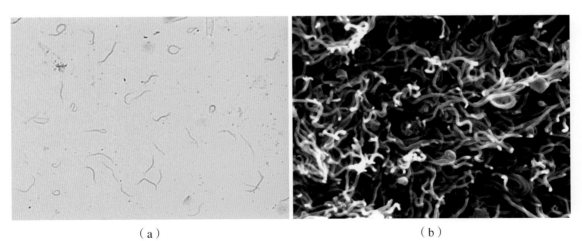

（a）　　　　　　　　　　　　　（b）

图 11-4-1　猪痢疾短螺旋体镜检形态

（a）姬姆萨染色；（b）扫描电镜图

猪痢疾短螺旋体革兰染色呈阴性，维多利亚蓝、姬姆萨和银染法均能使其较好着色。在扫描电子显微镜下观察，菌体呈蛇形、弯曲状［图 11-4-1（b）］。

2. 培养特性

猪痢疾短螺旋体对生长条件和营养要求苛刻，需要严格厌氧条件，一般在一个大气压、80% ~ 95% N_2 和 5% ~ 20%CO_2 条件下，37 ~ 42℃培养 5 ~ 7 天。培养时通常需要加入 10% 的胎牛血清或者新鲜血液的胰酪大豆胨液体培养基（TSB）和脑心浸液（BHIB）的液体或固体培养基中才能生长。在血平板上可见强 β 溶血环（图 11-4-2），呈云雾状生长而无可见菌落。在基础培养基中选择性

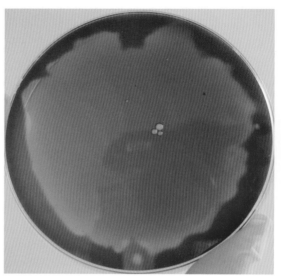

图 11-4-2 猪痢疾短螺旋体在血平板上呈云雾状生长，见 β 溶血环

地加入抗菌药如多黏菌素 B、壮观霉素、万古霉素和利福平等，可提高本菌从肠道样品中的分离率。

3. 生化反应

本菌能分解葡萄糖、蔗糖、乳糖、果糖、麦芽糖等，产酸不产气，吲哚试验阳性、β-葡萄糖苷酶活性阳性，不水解马尿酸，不液化明胶，不产生硫化氢，细胞色素氧化酶、触酶阴性。

4. 分离鉴定

（1）猪痢疾短螺旋体分离鉴定流程（图 11-4-3）：取带有血丝的黏液少许或大肠黏膜直接涂片，姬姆萨染色镜检；或将病料涂在载玻片，加水一滴，在相差显微镜或暗视野显微镜下检查。如观察到呈蛇形运动的螺旋体，即可初步确诊。取新鲜病料，划线接种于添加药物的 TSB 肉汤或血琼脂平板上，在严格厌氧条件下培养 5 ~ 7 天。见有明显溶血时，即可取出镜检。对可疑菌落在血琼脂平板上纯化培养，并选择商品化试剂进行生化鉴定和 PCR 检测。

（2）生化鉴别：挑取溶血菌株进行生化试验，针对螺旋体的溶血性以及能否产生吲哚和水解马尿酸，对螺旋体种类进行鉴别（表 11-4-1）。

（3）动物试验：将溶血菌株注射健康家兔，5 ~ 10 天后做睾丸穿刺检查看有无猪痢疾短螺旋体存在；也可用 10 ~ 12 周龄的猪做结肠结扎试验，根据结扎肠段有无特征性变化而予以诊断。

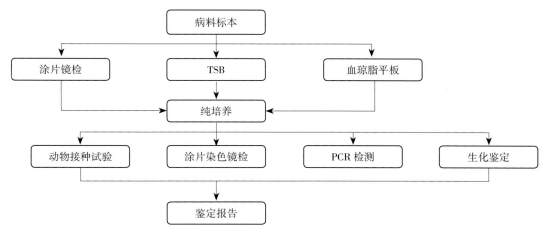

图 11-4-3 猪痢疾短螺旋体分离鉴定流程

表 11-4-1 短螺旋体主要成员的鉴别

菌 名	溶 血	吲 哚	水解马尿酸钠
阿勒堡端螺旋体	弱	−	−
鸡痢短螺旋体	弱	−	+
猪痢短螺旋体	强	+	−
无害短螺旋体	弱	−	−
中间短螺旋体	弱	+	−
默多齐螺旋体	弱	−	−
大肠毛状螺旋体	弱	−	+

注：引自陆承平主编，《兽医微生物学》（第五版）。"+"代表阳性；"−"代表阴性。

（4）PCR 鉴定：对分离纯化的培养物用煮沸法提取细菌 DNA，特异性引物和反应条件如下。

P1：5′-ACTAAAGATCCTGATGTATTTG-3′

P2：5′-CTAATAAACGTCTGCTGC-3′

扩增产物大小：354bp。

PCR 反应程序：94℃预变性 5min；94℃变性 30s，52℃退火 30s，72℃延伸 30s，30 个循环；72℃延伸 10min。

钩端螺旋体属（*Leptospira*）

钩端螺旋体属又称为细螺旋体属，其特征是菌体纤细、螺旋致密，一端或两端弯曲呈钩状的螺旋体，简称钩体。该属成员大部分营腐生生活，广泛分布于自然界，尤其存活于各种水生环境中，无致病性；小部分为寄生性和致病性，可引起人和动物的钩端螺旋体病（简称钩体病），是一种人兽共患病。钩端螺旋体病的临床症状复杂，早期极易误诊。实验室菌体培养历时较长，需要 7 ~ 10 天。随着分子生物学技术的发展，PCR 检测技术已广泛应用于本病的检测中。

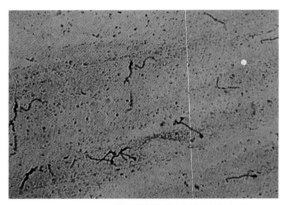

图 11-4-4　钩端螺旋体（镀银染色）
（引自周庭银主编《临床微生物诊断与图解》）

1. 形态染色

钩端螺旋体是一类菌体细长、弯曲、规则而紧密的单细胞微生物，直径约为 0.1μm，长度为 6 ~ 20μm。钩端螺旋体只能在暗视野或相差显微镜下观察到。钩端螺旋体螺旋一端或两端弯曲呈钩状，常使菌体呈 C 形或 S 形等形状（图 11-4-4）。钩端螺旋体运动活泼，在液体环境下，沿着长轴旋转，两端柔软，呈扭动运动。外膜位于原生质和轴丝的外层，相当于细菌荚膜，由多糖、脂类和蛋白质组成，具有良好的抗原性。

钩端螺旋体革兰染色阴性，但较难着色。镀银染色法和刚果红负染效果较好。

2. 培养特性

钩端螺旋体较易培养，在含有 5% ~ 10% 兔血清的 Korthof 培养基上分离培养。灭活的新鲜兔血清能促进钩端螺旋体的生长并中和培养过程中产生的抑制因子。钩端螺旋体为需氧或微需氧微生物，生长较慢，通常需培养 5 ~ 10 天，最适温度为 28 ~ 30℃；培养基以微碱性为好，pH 为 7.2 ~ 7.4。在 Korthof 液体培养基上培养 1 ~ 2 周，可见半透明云雾状混浊；在半固体培养基上可形成扁平、透明、圆形的菌落。钩端螺旋体对铜离子敏感，即使微量存在，也不易生长。

3. 生化反应

不发酵糖类，不分解蛋白质，氧化酶和过氧化氢酶均为阳性。某些菌株能产生溶血素。

4. 分离鉴定

（1）钩端螺旋体分离鉴定流程（图 11-4-5）：采集急性病例的高热期血液、尿液、乳汁、体液或剖检无菌采集肝、肾组织。血液、尿液、乳汁、体液滴加在载玻片上，在暗视野显微镜下检查有无钩端螺旋体。取肝、肾组织在 Korthof 液体培养基增菌培养后，姬姆萨染色后

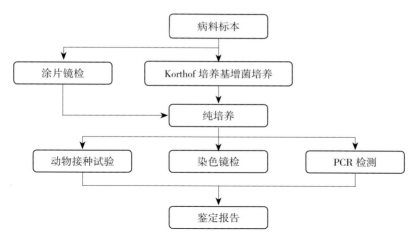

图 11-4-5　钩端螺旋体分离鉴定流程

钩端螺旋体呈淡红色，镀银染色后钩端螺旋体呈黑色，复红亚甲蓝染色钩端螺旋体呈紫红色。对增菌液接种 Korthof 培养基纯化培养，培养物进行动物接种试验和 PCR 检测。

（2）动物试验：幼龄豚鼠、黄金地鼠对钩端螺旋体比较敏感，将纯化的培养物接种于豚鼠或黄金地鼠的腹腔内，一般 3～7 天发病，取心血镜检。

（3）PCR 检测：参考《钩端螺旋体病诊断标准》（WS290—2008）。特异性引物、反应体系和条件如下。

上游引物（G1）：5′–CTGAATCGCTGTATAAAAGT–3′

下游引物（G2）：5′–GGAAAACAAATGGTCGGAAG–3′

扩增产物大小：285bp。

PCR 反应程序：95℃预变性 5min；94℃变性 60s，55℃退火 60s，72℃延伸 90s，35 个循环；72℃延伸 10min。

第十二章
兽医微生物检验的自动化

第一节　细菌培养的自动化

一、BacT/ALERT 3D 全自动细菌、分枝杆菌培养系统

1. 设备简介

BACT/ALERT 3D 是一款全自动微生物检测系统（图 11-1-1），可对临床的血液及无菌体液样品进行需氧、厌氧、真菌检测，也可用于食品、药品等无菌产品的检测。它有 Bact/ALERT 3D 60、Bact/ALERT 3D 120 和 Bact/ALERT 3D 240 三个基本型号。

BACT/ALERT 3D 提供 35.5℃和 22.5℃双温模块，抽屉式孵育箱，每一个抽屉可单独设置，进行血培养、体液培养或分枝杆菌检测，每 10min 读一次结果，一旦有阳性结果，立即报警。它采取"轻触屏幕 – 扫描 – 放入培养瓶"三个操作步骤，采用专利的比色分析技术和三种精密算法，可快速检出微生物。

图 12-1-1　BacT/ALERT 3D 60 全自动细菌、分枝杆菌培养检测系统

2. 功能特点

（1）采用颜色检测系统和精密的分析方式，支持延迟进入瓶。

（2）操作简单，操作者只要触摸屏幕上的图形指令，然后扫描培养瓶的条码、放入培养瓶（图 12-1-2、图 12-1-3），就完成所有的操作步骤。

图 12-1-2　BacT/ALERT 3D 60 操作

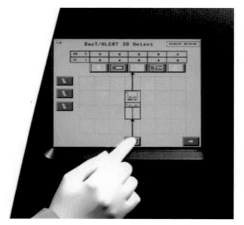

图 12-1-3　触摸屏幕上的图形指令

（3）系统设计灵活、紧凑，检测容量可扩充，可层叠式组件，节约使用空间（图 12-1-4、图 12-1-5）。

图 12-1-4　可层叠式组件

图 12-1-5　紧凑、有效的微生物检测系统

（4）培养瓶为聚合碳纤维塑胶材料，可减少培养瓶意外破裂的概率，消除生物安全隐患。

3. 适用领域

广泛应用于各类微生物实验室。

二、Thermo Versa TREK 全自动快速血培养系统

1. 设备简介

Versa TREK 全自动快速微生物培养系统是 FDA 唯一认可的"四合一"系统，可同时进行血液、无菌体液、分枝杆菌快速培养及分枝杆菌药敏检测。该系统有台式（240 型）（图 12-1-6）和立式（528 型）（图 12-1-6）两个系列。其气压感应技术能检测 O_2 的消耗，CO_2、H_2、NH_3 的产生，Thermo Scientific™ VersaTREK™ REDOX™ 2 瓶培养基系统可以直接静脉采血输入培养基内，降低成本。

图 12-1-6　240 型 VersaTREK™ 自动微生物检测系统

图 12-1-7　528 型 VersaTREK™ 自动微生物检测系统

2. 功能特点

（1）抽屉式标本架，方便取放标本，容易观察培养瓶的状态。可根据用户要求随时增加样本容量，一台主机可以连接 6 个培养箱，最多可扩充至 3 168 个样本容量。

（2）采用气压感应技术，检测培养瓶内消耗气体（如 O_2）和 / 或产生气体（如 CO_2、N_2、H_2、NH_3 等）的变化，避免漏检一些只消耗 O_2 而不产生 CO_2 的细菌。

（3）实时监测。需氧瓶每 12min 检测一次，厌氧瓶及分枝杆菌培养瓶每 24min 检测一次。

（4）培养瓶 Vortrexing 设计。需氧瓶内含磁力棒，培养时产生涡流搅拌作用，使需氧菌获得足够氧气，以提高生长速度及检测率。

（5）培养瓶分需氧瓶、厌氧瓶和分枝杆菌培养瓶，容量大，可提供更多营养成分，同时稀释抗生素，有利细菌生长。

（6）分枝杆菌培养瓶内含特殊纤维质海绵状物质，可提供更多表面空间和氧气。

3. 适用领域

可满足临床实验室所有培养需求。

三、双相血培养系统

1. 设备简介

双相血培养瓶是一种通用性血培养耗材。瓶内同时有固、液两相培养基，固相固定在瓶内壁上半层，由琼脂和多种营养物质组成；液相含有丰富的营养成分，用于增菌培养。

2. 功能特点

适合临床常见细菌及某些苛养菌的生长，可直接从瓶内琼脂斜面挑取菌落进行染色、生化试验、药敏试验等，节约时间，提高阳性样本检出率。

3. 适用领域

用于血液、胸水、腹水等无菌标本的分离培养。

四、三气培养箱

三气培养箱是在 CO_2 培养箱的基础上改进的产品，可同时加入 CO_2、N_2 和 O_2，由电脑控制和调节各种不同气体的含量。主要用于一些特殊微生物的繁殖和培养。下面介绍 Thermo Scientific™ Forma™ Ⅱ 3131 三气水套式 CO_2 培养箱。

1. 设备简介

Thermo Scientific™ Forma™ Ⅱ 3131 三气水套式 CO_2 培养箱（图 12-1-8）将精确温度控制与 TC 或 IR 传感器的选择相结合，可控制 CO_2 和温度。具有参数恢复特性，并采用持续污染控制技术。

图 12-1-8　Thermo Scientific™ Forma™ Ⅱ 3131
三气水套式 CO_2 培养箱

2. 功能特点

（1）培养环境理想。

（2）专利 HEPA 过滤系统，保证 Class 100 的培养环境。

（3）专利加热玻璃内门设计，可防止由于内门冷凝水带来的微生物污染。内门衬垫可拆卸清洗，高温灭菌，防止残留的污垢造成污染。

（4）进气口和取样口均有微生物过滤器，可最大限度减少箱内污染机会。

（5）结构紧凑、节省空间。单箱、可叠放或多台并列摆放，可选择左、右两种开门方式。

（6）CO_2、O_2自动控制；保温性好，温度稳定。

3. 适用领域

应用于免疫学、肿瘤学、遗传学及生物工程等研究领域。

第二节　微生物鉴定的自动化

一、自动生化鉴定及药敏分析仪

VITEK 2 Compact 全自动细菌鉴定及药敏分析系统

1. 设备简介

VITEK 2 Compact 全自动细菌鉴定及药敏分析系统（图12-2-1）用于细菌和酵母菌的鉴定和临床重要细菌的药敏试验，有30型和60型2种型号。

2. 功能特点

（1）VITEK 2 Compact 采用动力学方法，每15min判读卡片一次，获取结果所需时间平均为6~8h。

图12-2-1　VITEK 2 Compact 全自动细菌鉴定及药敏分析系统

（2）不需要手工接种及封口，不需要添加附加试剂，自动化水平高，操作简单。

（3）采用封闭、一次性使用测试卡，自动丢弃废卡，避免交叉污染，生物安全性高。

（4）数据库齐全，鉴定范围超过98%的临床常见菌株，且大多数微生物可鉴定到种。

（5）药敏结果根据NCCLS标准判定。

3. 适用领域

运用于临床微生物检验、卫生防疫和商检等部门。

Sensititre Aris 2X 全自动快速微生物鉴定及药敏分析系统

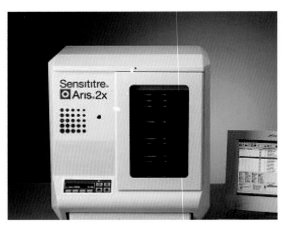

图 12-2-2 Sensititre Aris 2X 全自动快速微生物鉴定及药敏分析系统

1. 设备简介

Sensititre Aris 2X（图 12-2-2）是一套全自动快速微生物鉴定及药敏分析系统，自动化操作，减少了工作量、提高了实验室常规试验的效率。每台仪器可容纳 64 块板条，192 个测试菌株。采用荧光技术，可鉴定 500 种以上的微生物。药敏试验涉及各种微生物，有 MIC 值，并采用荧光检测技术。

2. 功能特点

（1）检测容量 192 个。

（2）全自动化孵育、判读、报告结果。连续检测，实时报告。

（3）设备操作采用比色、比浊或荧光等原理进行实验，采用动态检测，每 20min 内自动检测一次。

（4）鉴定细菌 300 种以上，能鉴定 G⁻ 杆菌、G⁺ 杆菌、G⁺ 球菌、奈瑟菌、真菌等。细菌鉴定时间在 8h 之内，80% 在 5h 内出具报告，鉴定反应测试孔 ≥ 50 个。

（5）药敏种类不少于 80 种，能进行 G⁻、G⁺ 菌药敏试验，药敏检测孔有 96 个。药敏检测时间 6 ~ 12h，80% 药敏结果在 6 h 内出具报告。

（6）鉴定卡和药敏卡可分别选择使用，节约检测成本，提供药敏更多组合选择机会。鉴定卡、药敏卡，只须室温保存，保质期长达 24 个月。

3. 适用领域

适用于微生物实验室全自动快速鉴定及药敏试验的检测。

BD BBL Crystal 微生物鉴定仪

1. 设备简介

BD BBL Crystal 微生物鉴定仪（图 12-2-3）是一种以荧光、显色技术相结合的小型细菌鉴定系统，可用于常见病原菌的菌型鉴定，细菌鉴定准确率均在 96% 以上。

2. 功能特点

（1）需要添加石蜡油，不需要特殊的孵育环境和特殊的气体设备。培养时间短，最短 4h 内获得鉴定结果。鉴定范围广，可鉴定包括革兰阳性菌、奈瑟/嗜血菌、厌氧菌、肠/非发酵菌在内的 500 多种微生物。

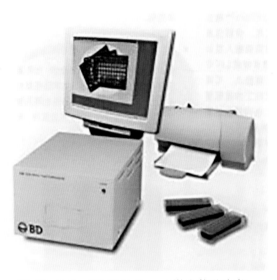

图 12-2-3　BD BBL Crystal 微生物鉴定仪

（2）荧光与显色结合进行结果判断，检测灵敏度更高，结果自动判读，省时、准确。

（3）预装的 MIND 鉴定软件可免费升级，可及时更新。

3. 适用领域

适用于微生物实验室细菌鉴定。

ATB 半自动鉴定药敏测试系统

1. 设备简介

ATB 半自动鉴定药敏测试系统（图 12-2-4）以 API 为基础，利用 32 个生化试验结果进行细菌鉴定，参考 NCCLS 标准判定药敏试验结果。该系统由计算机和读数器两部分组成，鉴定和药敏反应板在恒温箱培养结束后上机读取结果，由计算机进行分析和处理，并报告细菌鉴定和药敏结果。

2. 功能特点

（1）ATB 可兼容 API 试条，鉴定范围广，含 22 种鉴定试条，能鉴定最少 600 菌株。

（2）操作过程标准化，结果自动化鉴定，全中文 Windows 系统可单独运行于普通电脑，操作方便，结果客观可靠，报告快速（4～24h 出具报告）。

图 12-2-4　ATB 半自动鉴定药敏测试系统

3. 适用领域

适用于微生物实验室细菌鉴定和药敏试验。

二、自动快速微生物质谱检测系统

VITEK MS 全自动微生物鉴定药敏分析系统

1. 设备简介

VITEK MS 全自动微生物鉴定药敏分析系统（图 12-2-5）采用 MALD-TOF 技术（基质辅助激光解析电离飞行时间质谱）获取指纹图谱，并通过 VITEK MS 数据库对其进行分析，从而进行微生物鉴定。

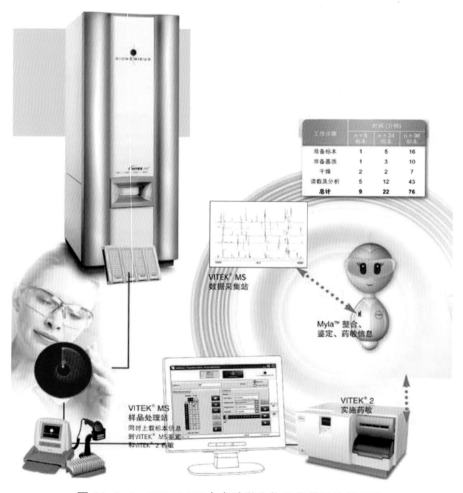

图 12-2-5　VITEK MS 全自动微生物鉴定药敏分析系统

2. 功能特点

（1）自动化、快速、高通量：全程自动判读、自动分析、自动报告、自动卸载。每分钟完成 1~2 个菌株鉴定，每批可同时进行 192 个测试。

（2）质量控制及结果溯源：每块样品板有条形码，48 个检测孔及 3 个对照位。系统可同时分析达 4 个样品板，一次运行能检测 192 个分离株。使用一次性试验材料，无需清洗步骤，根除了样品交叉污染的可能。（图 12-2-6）。

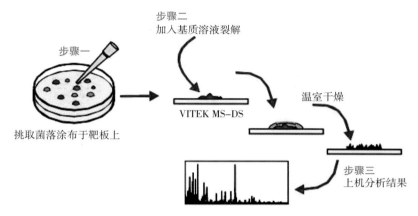

步骤二
加入基质溶液裂解

步骤一

VITEK MS-DS

温室干燥

挑取菌落涂布于靶板上

步骤三
上机分析结果

图 12-2-6　VITEK MS 鉴定流程

（3）细菌数据库同时满足临床及科研工作需求：细菌数据库包含两个鉴定菌谱库，科研菌谱库包含 2 000 种以上菌种，临床菌谱库包含 600 种菌种以上，互为补充。鉴定范围涵盖临床致病性细菌、酵母样真菌、丝状真菌、皮肤真菌、分枝杆菌，鉴定准确度达 95% 以上。

（4）通过 MYLA 软件连接 VITEK MS 和 VITEK 2，优化工作流程，减少人为误差，直接整合鉴定及药敏结果。同时，MYLA 将微生物实数据连接实验室信息管理系统（LIS）。

（5）操作流程简单：挑取微生物菌落点样品板，加入基质液裂解，干燥上机可产生 MALDI-TOF 峰（原始数据），系统进行 VITEK MS 数据解析，从而获得鉴定结果。无需革兰染色、配置菌液、挑选板卡等步骤。

3. 适用领域

用于蛋白质组学的研究和分析，以及微生物实验室细菌鉴定和药敏试验。

MALDI Biotyper 全自动快速微生物质谱检测系统

1. 设备简介

MALDI Biotyper 全自动快速微生物质谱检测系统（简称 MBT，图 12-2-7）通过 MALDI-

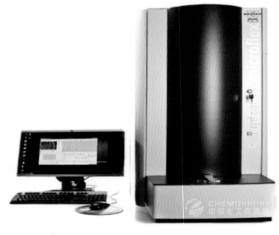

图 12-2-7　MALDI Biotyper
全自动快速微生物质谱检测系统

TOF 质谱仪测得待检微生物的蛋白质指纹谱图，通过 Biotyper 软件对这些指纹谱图进行处理并和数据库中各种已知微生物的标准指纹图谱进行比对，从而完成对微生物的快速鉴定。

布鲁克 MmicroflexTM LT 移动生物质谱仪可以在实验室使用，运用于临床蛋白质组学，以及基因、多肽、蛋白质和其他大分子的常规分析。如果配上移动车载支架，可以在野外现场检测微生物和生物毒剂，广泛用于疾控中心、应急救援、安全反恐、食品安全等领域。

2. 功能特点

MBT 与现有传统的微生物鉴定技术相比，具有操作简单、快速、通量高、灵敏度高、准确度好、试剂耗材少等优势。

布鲁克 MmicroflexTM LT 移动生物质谱仪具有以下功能特点。

（1）体积小，性能好。模块化的设计，针对多种不同的应用开发不同的配置。可以车载移动并在现场检测分析。

（2）Biotyper 微生物蛋白特征指纹图谱数据库系统是开放式系统，使用简单，占用资源少。使用服务器和客户端架构，方便、快捷地大批量地处理数据，无需专人维护。同时，用户可以添加所获得的新的微生物特征指纹图谱，并用于日常检测、鉴定工作中。

（3）一个样品从获得单克隆开始，在几分钟内可以完成样品处理、图谱采集、获得鉴定结果，操作简单、快速，通量高。

（4）样本包括细菌、酵母、真菌、孢子等，样品制备简单，对样本数量要求不高，固体培养基上的单个菌落，或者液体培养基里经过离心处理的成分均可以。

（5）仪器控制程序简便易用，用户界面和生物信息学软件包提供了从自动采集数据到深度分析的一系列功能。

（6）AnchorChip 技术独特，使 MALDI 靶的点样精确、均匀，自动数据采集稳定而且快速。灵敏度可提升一至二个数量级。

3. 适用领域

MBT 在临床医疗诊断、食品质量监控、制药流程监控等领域中均有广泛的应用。

布鲁克 Mmicroflex™ LT 移动生物质谱仪运用于临床蛋白质组学以及基因、多肽、蛋白质和其他大分子的常规分析；野外现场微生物鉴别、现场检测和分析生物毒剂。

三、微生物分子鉴定系统

BAX System Q7 全自动病原微生物检测系统

1. 设备简介

BAX System Q7 全自动病原微生物检测系统（图 12-2-8）是全自动、使用药片化试剂检测病原微生物的商用 PCR 系统，以病原微生物的基因序列为靶标，利用实时荧光定量 PCR 和多重核酸检测结合的方法进行病原微生物检测。

图 12-2-8　BAX System Q7 全自动病原微生物检测系统

2. 功能特点

（1）采用高特异性引物，可以快速检测目标病原微生物独特的基因信号。

（2）致病菌检测试剂盒种类齐全，可进行超过 20 种食源性致病微生物检测项目，可满足用户日常对致病菌的检测要求。

（3）检测系统和方法经权威机构验证，检测速度快，同一块板上可同时进行多个项目的检测。检测方法标准化、准确。

3. 适用领域

BaX system Q7 可以对食品、农产品（蔬菜、果汁等）、畜禽等动物产品、饲料、水产品进行检测，应用领域广泛。可应用于微生物相关学科的基础研究，食品、制药的安全，人和动物的疾病预防与控制，公共卫生及微生物风险评估与监测。

四、酶联检测

1. 设备简介

VIDAS 是在微生物检测中利用酶联免疫的原理对用于致病微生物（细菌、病毒）、寄

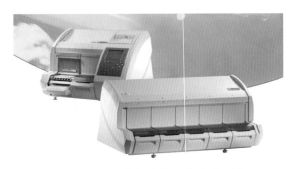

图 12-2-9　全自动荧光免疫分析仪

生虫的快速筛检。是集计算机、键盘及打印机于一身的一台全自动荧光免疫分析仪（图12-2-9）

2. 功能特点

（1）应用免疫夹心法和荧光检测法，提高检测的特异性和灵敏度。

（2）检测快速，检测项目多，特异性强。可以对食品中的主要病原菌和毒素进行检测，样品不需要分离出目标微生物就可以上机检测，上机检测时间 45 ~ 70min。

（3）可以在不同的检测仓检测相同或不同的检测项目。

（4）采用一次性检测耗材，没有采样针，避免样品之间交叉污染；样品不与仪器接触，仪器内没有抽吸样品的管路，防止样品污染环境。仪器内部设自检系统，无交叉污染。

（5）操作简便，整个过程标准化、自动化，获得国际认可，检测结果公认。

（6）试剂有效期长，14 天内相同检测项目只需做一次质控。

3. 适用领域

用于致病微生物（细菌、病毒）、寄生虫的快速筛检。

（1）食品及环境中最常见致病性细菌（李斯特菌属、单核增生李斯特菌、弯曲菌属、大肠杆菌 O157、沙门菌属、葡萄球菌肠毒素检测）的快速筛检。

（2）包括艾滋病、衣原体在内的人血清免疫项目，人致病性寄生虫、病毒项目，激素类，其他免疫项目，共 40 多种项目的快速筛检。

五、液相芯片鉴定技术

1. 设备简介

Luminex xMAP 技术，又称流式荧光技术、液态芯片等（图 12-2-10）。该技术的核心是把直径为 5.6μm 的聚苯乙烯小球用荧光染色的方法进行编码，通过调节两种荧光染料的不同配比获得最多可达 100 种具有不同特征荧光谱的微球，然后将每种编码微球共价交联上针对特定检测物的抗原、抗体或核酸探针等捕获分子。

图 12-2-10　Luminex xMAP

应用时，先把针对不同检测物的编码微球混合，再加入微量待检样本，在悬液中靶分子与微球表面交联的捕获分子发生特异性结合，在一个反应孔内可以同时完成多达 100 种不同的检测反应。最后用 Luminex™100 进行分析，仪器通过两束激光分别识别微球的编码和检测微球上报告分子的荧光强度。

2. 功能特点

（1）检测通量高，检测速度快。微量（10μl）标本，1 次检测 100 个指标，最快可达 10 000 测试 /h。液芯联检试剂用量少，降低检测成本。

（2）灵敏度高，重复性好。检测低限可达 0.01pg/ml，每个指标有 1 000 ~ 5 000 个反应单元，分析 100 次取平均值，CV 值＜ 5%。

（3）线性范围广，动态范围可达 4 ~ 6 个数量级。

（4）全过程不需要洗涤，操作简便、省时省力。

（5）可以任意选择指标，构建个性化组合液芯，组合灵活。

（6）能检测蛋白和核酸的多指标并行检测平台，是一种通用型生物芯片平台。

3. 适用领域

液相芯片技术是一种大规模生物检测平台，可在临床诊断、高通量药物筛选、环境监测、农业检测、法医学等领域中应用。

六、高效液相色谱鉴定技术

1. 设备简介

高效液相色谱法（High Performance Liquid Chromatography，HPLC）又称高压液相色谱、高速液相色谱、近代柱色谱等。高效液相色谱是色谱法的一个重要分支，以液体为流动相，采用高压输液系统，将具有不同极性的单一溶剂或不同比例的混合溶剂、缓冲液等流动相泵入装有固定相的色谱柱，在柱内各成分被分离后进入检测器进行检测，从而实现对样品的分析。

2. 功能特点

（1）流动相为液体，流经色谱柱时，必须对载液加高压。

（2）分析速度快、载液流速快，通常分析一个样品 15 ~ 30min。

（3）分离效能高，可选择固定相和流动相以达到最佳分离效果。

（4）紫外检测器可达 0.01ng，进样量在 μl 数量级，灵敏度高。

（5）应用范围广，70% 以上的有机化合物，尤其是高沸点、大分子、强极性、热稳定性差的化合物可用高效液相色谱分析。

（6）柱子可反复使用，用一根柱子可分离不同化合物。

（7）样品量少，样品经过色谱柱后不被破坏，可以收集单一组分或做制备。

3. 适用领域

广泛应用于医药、食品、农业、生命科学、化工、环保等领域，已成为这些学科领域中重要的分离分析技术。

Agilent 1260 Infinity LC 液相色谱仪

1. 设备简介

Agilent 1260 Infinity LC 液相色谱仪（图 12-2-11）是一款性能和价值更高标准的液相色谱仪。它提高了 HPLC 标准，泵压力为 600bar，检测器速率为 80Hz，流量最高达 5ml/min 下，UV 检测灵敏度提高 10 倍。HPLC 和 UHPLC 均能兼顾。

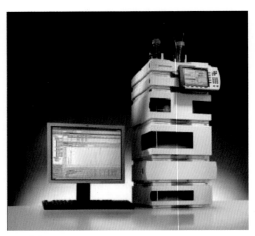

图 12-2-11 Agilent 1260 Infinity LC

2. 功能特点

（1）提高了 HPLC 标准，使分离度更高，分离速度更快。

（2）完全兼容 HPLC。可以在同一系统上运行已建立并确认的 HPLC 方法，也可以提升 UHPLC 的性能。

（3）选择多样。能够根据对色谱性能和灵活性的要求恰当地配置需要的系统。

3. 适用领域

特别适用于高沸点、大分子、强极性和热稳定性差的化合物和生物活性物质的分离和分析并且可以做制备。在医药、食品、农业、生命科学、化工、环保等领域都有着广泛的应用潜力。

Waters Alliance HPLC 系统（高效液相色谱系统）

1. 设备简介

Waters Alliance HPLC 系统（图 12-2-12）拥有相互独立的两个数控马达驱动的溶剂管理系统，流速精度高。2487 检测器使用了 Waters 专利的梯形狭缝池设计，噪音低、灵敏度高、线性宽，内置硝酸铒滤光片，自动校正波长，自动优化灯能量。控制功能强大，适用于 LC、GC、CIA、CE、GPC、PDA 及 LC-MS 等各种分析使用。内置 Oracle 数据库，符合 FDA CFR Part 11 的电子签名和电子记录要求。具备升级能力。

2. 功能特点

（1）四元溶剂混合支持等度和梯度应用。自动混合技术能够以任何比例混合 4 种溶剂，与多种溶剂类型兼容，支持反相、正相、GPC、SEC 和 IEX 应用。

（2）溶剂分配功能先进。串联流路具有无脉冲溶剂分配，无需使用湿润器。在线溶剂脱气和溶剂自动压缩使流路准确。集成的密封清洗使操作稳定。

（3）可选择不同的温控环境，进样针清洗程序可以重新编程。容纳 120 个样品瓶，进样体积从 0.1μl 到 100μl，最高可达到 2ml。支持 STAT 样本和自动添加功能。

（4）可选择色谱柱加热功能或加热/冷却功能。通过根据需要配置的色谱柱切换功能可以运行多种方法。

图 12-2-12　Waters Alliance HPLC

（5）LCD 大屏幕，用户界面直观，用户可以快速访问系统设置。利用 System PREP 简化日常设置。

（6）支持 Empower、Mass Lynx 软件和多款第三方软件包，满足合规性要求。Alliance HPLC 系统支持基于 Waters Empower 的自动化系统认证工具（SQT），可以最大程度缩减年度认证的时间和成本。

3. 适用领域

特别适用于高沸点、大分子、强极性和热稳定性差的化合物和生物活性物质的分离和分析，并且可以做制备。广泛应用于在医药、食品、农业、生命科学、化工、环保等领域。

Thermo UltiMate3000 HPLC

1. 设备简介

UltiMate3000 HPLC（图 12-2-13）处理样品通量高，双泵系统以串联或并联的方式工作，符合已有的认证方法；切换装置方便，可快速调整到所需的流速范围；2 维或多维液相具有更高的灵敏度和分辨率。

UltiMate3000 HPLC 按照不同的流速范围（纳升到半制备）以及不同的应用目的（常规分析、蛋白质组学研究、样品半制备）可有 7 种单泵系列组合和 5 种双泵组合方式。

图 12-2-13　UltiMate3000 HPLC

2. 功能特点

（1）UltiMate3000 HPLC 色谱系列提高了 HPLC 的分辨率、灵敏度、速度、精度和可靠性；通过双通道串联和并联运行，工作能力获得提高；在线 SPE-LC 可用于全自动样品制备；2D-LC 可用于复杂样品的分离。

（2）UltiMate3000 HPLC 采用可组合模块，满足宽范围的应用。对蛋白质组学，可以快速调整为微量、毛细管或纳升分析柱的液相色谱；对微孔 LC/MS，可以在梯度分析时系统死体积小于 100μl；对分析和半制备，可以提供精细调节的泵、自动进样器和检测灵敏度。

（3）UltiMate3000 HPLC 操作更加容易，启动和停机由系统完成，软件全自动跟踪所有临界参数并在干扰和错误发生时提示用户。

3. 适用领域

特别适用于高沸点、大分子、强极性和热稳定性差的化合物与生物活性物质的分离和分析，并且可以做制备。广泛应用在医药、食品、农业、生命科学、化工、环保等领域。

第三节　微生物样本前处理的自动化

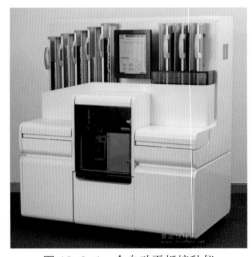

图 12-3-1　全自动平板接种仪

一、全自动平板接种仪

1. 设备简介

全自动平板接种仪（图 12-3-1）是一种液体微生物标本在平板培养基上自动化划线接种（图 12-3-2）的仪器。它取代繁琐而重复的手工接种平板过程（图 12-3-3），提高细菌的分离能力，实现常规操作标准化，提高结果重复性、可比性，优化了现有微生物实验室工作流程。

2. 功能特点

（1）定量接种标本，可进行半定量菌落计数。

（2）独创的接种涂布器（图 12-3-4），相当

图 12-3-2 自动化接种方法

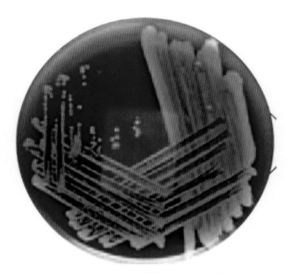

图 12-3-3 四区划线法（手工接种）

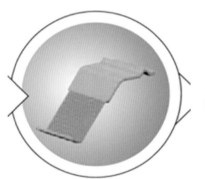

图 12-3-4 接种涂布器

细菌接种新标准

图 12-3-5 接种示意

图 12-3-6 环形旋转接种法

于 17 个接种环同时使用（图 12-3-5），有效地利用平板接种面积旋转 330°（图 12-3-6），获取更多单个菌落，单个菌落数量分离提高 44%。

（3）接种涂布器、吸头均为一次性使用，从而避免了交叉污染。减少接触感染性标本，提高生物安全性。

（4）可直接接种临床常见标本，如尿、粪、痰、拭子等，不需要切换程序。

（5）1h 可完成 180 块平板接种，可以装载新平板和卸载已完成的平板。

（6）可连接 LIS 系统，直接导入标本信息。触屏操作，简单方便，可自动打印每块平板的条码标记，保证数据的可溯性。

（7）全自动化仪器，提高了结果的重复性、可比性，以及实验室的生物安全性；优化了现有实验室的工作流程。

3. 适用领域

液体微生物标本在平板培养基上自动化划线接种，适用于微生物领域。

二、全自动培养基制备系统

图 12-3-7　MASTERCLAVE

1. 设备简介

MASTERCLAVE 是自动化的培养基制备系统。该仪器可改进从培养基制备到样品制备的工作流程，具有高内核温度的精确控制和高效的搅拌系统，确保制备的培养基具有均匀性、营养保留性、无菌性（图 12-3-7）。该系统有三种不同容量，稳定、耐用。

2. 功能特点

（1）程序化操作可存贮自定义 30 种培养基制备程序。

（2）制备各种类型培养基，包括补充不耐热的添加物（抗生素、血液、吐温、卵黄等）。

（3）温度探头可直接测量培养基实际温度，无需排干空气。

（4）新型专利大号磁力搅拌装置，确保培养基受热均匀、营养均一，且不会引起漩涡。

（5）水冷快速降温，减少培养基营养破坏，冷却因子从 0 ~ 250 可调。

（6）使用简单单手操作的开 / 关盖设计，操作灵活、方便。

（7）具有多重安全装置。

（8）数据追溯性好。可选配打印机，可全程跟踪监控整个灭菌过程的温度变化，打印出温度变化曲线、操作员姓名、培养基批号、灭菌温度和时间、分装时间、培养基容量。

（9）多用性。可用作台式灭菌锅。

3. 适用领域

自动大批量标准化制备琼脂培养基，大批量自动倾注平板，用于微生物菌落总数检测，与自动稀释仪配合可大批量进行样品自动稀释。

三、免疫磁珠富集系统

1. 设备简介

免疫磁珠富集是指一种以特异的抗原抗体反应为基础的免疫学检测和分离技术。它是以抗体包被的磁珠（图 12-3-9）为载体，通过抗体和反应介质中特异性抗原相结合，形成抗体—抗原复合物，此复合物在外加磁场的作用下发生定向移动，从而达到分离抗原的目的。

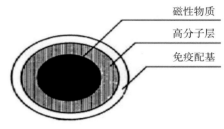

图 12-3-8　免疫磁珠结构示意

磁性物质

高分子层

免疫配基

2. 功能特点

（1）能从样品中快速、有选择性地富集、分离出目标微生物，有效减少背景干扰。

（2）细菌分离速度快、效率高、可重复性好，操作简单，不需要昂贵的仪器设备，不影响被分离细菌或其他生物材料的生物学性状和功能。

3. 适用领域

用于食品中致病微生物的检测，细胞分离和提纯、体外细胞扩增、免疫检测，用于分型，用作靶向释药系统的载体和在核酸和基因工程上的应用。

四、自动化工作站

自动化工作站采用自动化设备，通过编制程序，进行核酸抽提、纯化、移液、分液及实验体系构建等实验操作，以保证实验的稳定性和重复性，提高实验数据的质量，减轻实验室人员的工作强度，并保证操作人员和实验室环境的生物安全。

QIAsymphony SP/AS 全自动样品纯化仪

1. 设备简介

它整合了完整工作流程的自动化体系，从样本制备到反应体系构建，创新、易于使用的模块化系统，带有内置型触摸屏，从多种类型样本中纯化 DNA、RNA 和蛋白，自动将洗脱液转移到 QIAsymphony AS 模块进行反应体系构建，连续上样，通过条形码扫描实现样本追踪，输入、输出样本列表。

QIAsymphony SP 核酸提取纯化分析仪（图 12-3-17）使用专用 QIAsymphony Kit，从多种起始样本中提取 DNA、RNA，以及细菌和病毒核酸。QIAsymphony AS 可以提取、纯化核酸，自动化构建接合 PCR 反应体系，再配合 Rotor-Gene Q 实时荧光定量 PCR 分

图 12-3-9　QIAsymphony SP/AS 全自动样品纯化仪

析仪和 QIAGEN real-time 和终点法 PCR 试剂盒，使 PCR 工作流程自动化。

2. 功能特点

（1）QIAsymphony SP 核酸提取纯化分析仪每次处理样品容量大，能处理 1~96 个样本，每批 24 个，样本体积至多 2ml。

（2）QIAsymphony 的几个试剂盒配合优化能囊括广泛的起始材料和应用，能提高实验室效率。

（3）QIAsymphony 技术整合了硅胶膜纯化的速度和效率，以及磁珠纯化的便利性。

适用于一系列起始材料的专门的 QIAsymphony Kits

QIAsymphony Kit	起始材料和用量
QIAsymphony DNA Kit	可从至多 1 000μl 人类全血、400μl 白膜层、50mg 组织（包括 FFPE 组织）或 1×10^7 个细胞中纯化 DNA，可从血液中纯化病毒核酸
QIAsymphony DNA Investigator Kit	为人类身份鉴定和法医学纯化参考和个案样本
QIAsymphony DSP Virus/Pathogen Kit	从血浆、血清和脑脊液中纯化病毒核酸，从呼吸道和泌尿生殖系统的样本中纯化病毒或细菌核酸
QIAsymphony DSP AXpH DNA Kit	运用 AXpH 技术从液体细胞样本中纯化 DNA
QIAsymphony RNA Kit	从 50mg 组织（包括 FFPE 组织）或 1×10^7 个细胞中纯化总 RNA 和 miRNA
QIAsymphony PAXgene Blood RNA Kit*	从在 PAXgene Blood RNA Tubes 中收集的 2.5ml 人类全血中纯化细胞内 RNA（包括 miRNA）
QIAsymphony mericonBacteria Kit	从 500μl 富集培养物中纯化细菌核酸
QIAsymphony DSP DNA Kit	从至多 1 000μl 人类全血、400μl 白膜层、组织（包括 FFPE 组织）、细菌和细胞培养液中纯化 DNA，从血液中纯化病毒核酸
QIAsymphony Certal Kits	从纯化缓冲液、细胞培养基上清样本和疫苗制备样本中纯化残留的宿主细胞 DNA 和病毒核酸

注：每次可处理多至 72 个样本。

（4）将 QIAsymphony SP 核酸提取纯化分析仪拓展到 QIAsymphony AS，实现了整个流程的自动化。

（5）QIAsymphony SP/AS 仪器操作过程标准化、安全。吸头监控能防止交叉污染，内置的 UV 灯可对工作台面灭菌。通过读取样本和试剂的条形码，追踪纯化和分析体系构建的全程样本。QIAsymphony SP/AS 有废物隔层，盛放工作台弹出的用过的吸头。

（6）可提供按时间排序的电子文档结果，电子结果文件可通过联网的打印机自动打印，也可使用 USB 下载后存档。

（7）QIAsymphony Kits 具有安全性和易用性。即用型、条形码标记的试剂筒预装有纯化流程所需包括配套的酶的所有试剂。试剂筒可被仪器自动打开，可使用相同或不同试剂盒的试剂筒，用于对 96 个样本进行不同纯化操作流程。

3. 适用领域

QIAsymphony SP/AS 适用于多种实验室，包括生物医学研究、人类身份鉴定、兽医应用、生物安全研究、生命科学应用，如基因组学和蛋白质组学。

参考文献

图　书

［1］陆承平主编. 兽医微生物学［M］. 北京：中国农业出版社，2013.

［2］周庭银编著. 临床微生物学诊断与图解［M］. 上海：上海科学技术出版社，2012.

［3］杨正时，房海主编. 人及动物病原细菌学［M］. 石家庄：河北科学技术出版社，2003.

［4］徐百万主编. 动物疫病监测技术手册［M］. 北京：中国农业出版社，2010.

［5］陆承平，吴宗福主编. 猪链球菌病［M］. 北京：中国农业出版社，2015.

［6］田克恭. 人与动物共患病［M］. 北京：中国农业出版社，2013.

［7］兽医微生物菌种资源标准化整理整合及共享试点项目组编. 兽医微生物菌种资源描述规范及技术规程
　　［M］. 北京：中国农业科学技术出版社，2008.

［8］王明俊等主编. 兽医生物制品学［M］. 北京：中国农业出版社，1997.

［9］James H. Jorgensen，Miehael A.Pfaller 著，王辉，马筱玲，钱渊等主译. 临床微生物学手册［M］. 第
　　11 版. 北京：中华医学电子音像出版社，2017.

［10］朱超，许学斌. 沙门菌属血清型诊断［M］. 上海：同济大学出版社. 2009.

［11］田克恭，李明主编. 动物疫病诊断技术［M］. 北京：中国农业出版社，2014.

［12］吴移谋，叶元康. 支原体学［M］. 第 2 版. 北京：人民卫生出版社，2008.

［13］George M. Garrity，Julia A. Bell，Timothy G. Liburn：Toxonomic outline of the prokaryotes Bergey's
　　manual® of systematic bacteriology［M］. 9rd ed. New York：Berlin Heideberg，2004.

［14］Paul D V，George M G，Dorothy J，et al. Bergey's Manual of Systematic Bacteriology（Second Edition）
　　［M］. New York：Springer，2009.

标　准

［1］GB/T 19915.2—2005，猪链球菌 2 型分离鉴定操作规程［S］.

［2］GB 4789.10—2016，食品安全国家标准　食品微生物学检验　金黄色葡萄球菌检验［S］.

［3］GB 4789.13—2012，食品安全国家标准　食品微生物学检验　产气荚膜梭菌检验［S］.

［4］GB 4789.9—2014，食品安全国家标准　食品微生物学检验　空肠弯曲菌检验［S］.

［5］NY/T 564—2002，猪巴氏杆菌病诊断技术［S］.

［6］NY/T 538—2002，鸡传染性鼻炎诊断技术［S］.

［7］NY/T 546—2015，猪传染性萎缩性鼻炎诊断技术［S］.

［8］Manual of Diagnostic Tests and Vaccines for Terrestrial Animals 2018，OIE.（官网 5 月份 OIE 更名为
　　WOAH）

研究论文

［1］路迎迎. 副鸡禽杆菌荚膜多糖提取分析及免疫原性研究［D］. 邯郸：河北工程大学，2014.

［2］赵成全. 副鸡禽杆菌外膜蛋白 gcbG 的原核表达及荚膜转运基因 HctC 缺失株的构建［D］. 乌鲁木齐：新疆农业大学，2013.

［3］红梅. 布鲁氏菌 S2 疫苗株全基因组测序分析及诊断方法研究［D］. 呼和浩特：内蒙古农业大学，2016.

［4］马长胜. 布鲁氏菌三个外膜脂蛋白的原核表达、纯化及免疫原性实验［D］. 泰安：山东农业大学，2012.

［5］徐杰. 布鲁氏菌转录组测序分析及 sRNA 功能研究［D］. 长春：吉林大学，2013.

［6］王晓芳. 兔波氏杆菌的分离鉴定及耐药性研究［D］. 泰安：山东农业大学，2015.

［7］刘冠华. 禽波氏杆菌免疫 PCR 检测方法的建立及其亚单位疫苗的研制［D］. 济南：山东农业大学，2013.

［8］田城. 猪胞内劳森菌检测方法的建立及其培养方法的初探［D］. 南京：南京农业大学，2012.

［9］谢丽华. 广西猪增生性肠炎病原的初步探究［D］. 南宁：广西大学，2008.

［10］袁万军. 猪痢疾短螺旋体的检测、感染情况调查及免疫原性的初步研究［D］. 南京：南京农业大学，2013.

［11］陈微. 奶牛乳房炎性诺卡氏菌 Nocardia cyriacigeorgica 分离鉴定和致病机制研究［D］. 北京：中国农业大学. 2017.

［12］方艳红，孙裴，魏建忠，等. 沙门菌毒力基因研究进展［J］. 动物医学进展，2010，31（4）：190-193.

［13］李燕俊，赵熙，杨宝兰，等. 肠炎沙门菌脉冲场凝胶电泳分型研究［J］. 卫生研究，2005，34（3）：338-340.

［14］苗立中，沈志强，王艳，等. 副鸡禽杆菌河南株的分离及 PCR 鉴定［J］. 畜牧与兽医，2010，42（2）：66-68.

［15］张婷婷. 鸡传染性鼻炎鉴别诊断技术研究进展［J］. 兽医导刊，2016（5）：25-26.

［16］杨建远，邓舜洲，何后军，等. 上海副猪嗜血杆菌分离鉴定及其耐药性分析［J］. 江西农业大学学报，2005，27（3）：439-442.

［17］陈琦，夏炉明，刘佩红，等. 马鼻疽研究进展［J］. 中国兽医杂志，2012，48（11）：48-50.

［18］娜仁高娃，陈霞，吴聪明. 鸡源空肠弯曲菌和结肠弯曲菌的临床分离及多重 PCR 鉴定［J］. 中国兽医杂志. 2010.46（1）：38-39.

［19］覃清松，金梅林，刘建杰，等. 猪痢疾短螺旋体综述［J］. 猪的重要传染病防治研究新成果.

［20］张伟，高志强，李宁，等. 猪痢疾短螺旋体荧光 PCR 检测方法的建立与初步应用［J］. 中国兽医杂志，2014，50（6）：9-14.

［21］王海波，谭华，冯子力，等. PCR 技术在钩端螺旋体病例诊断中的应用［J］. 中国国境卫生检疫杂志. 2014，37（5）：310-312.

［22］王志梅，贾广乐，王建波，等. 牛结核病病原体研究进展［J］. 中国畜牧兽医，2010，37（3）：207-

210.

［23］林立，孔繁德，徐淑菲，等. 牛放线菌病的诊断与防治技术评述［J］. 检验检疫学刊，2012，22（1）：59−62.

［24］张媛，张媛媛，万康林，等. 诺卡菌的培养和染色特征研究［J］. 中国人兽共患病学报.2012，28（3）：230−235.

［25］逯晓敏，冯志新，刘茂军，等. 猪肺炎支原体套式 PCR 检测方法的建立及应用［J］. 江苏农业学报，2010，26（1）：91−95.

［26］韩娥，张强，褚军，等. 禽鹦鹉热衣原体实验室诊断技术的研究进展［J］. 实验动物科学，2014，31（05）：49−55+60.

［27］李鹏，端青，宋立华. 衣原体最新分类体系与分类鉴定方法研究进展［J］. 中国人兽共患病学报，2014，30（12）：1262−1266.

［28］赵荣，李兆才，曹小安，等. 羊流产衣原体的分离鉴定及间接免疫荧光法检测［J］. 中国兽药杂志，2015，49（11）：21−24.

［29］To H，Nagai S.Genetic and Antigenic Diversity of the Surface Protective Antigen Proteins of Erysipelothrix rhusiopathiae［J］. Clin Vaccine Immunol，2007，14（7）：813−820.

［30］Verbarg S，Rheims H，Emus S，et al.Erysipelothrix inopinata sp. nov.isolated in the course of sterile filtration of vegetable peptone broth and description of Erysipelothrixaceae fam.nov［J］. Int J Syst Evol Microbiol，2004，54：221−225.

［31］Zou Y，Zhu X M，Muhammad H M，et al.Characterization of Erysipelothrix rhusiopathiae strains isolated from acute swine erysipelas outbreaks in Eastern China［J］. J Vet Med Sci，2015，77（6）：653−660.

［32］Shi F，Harada T，Ogawa Y，et al.Capsular polysaccharide of Erysipelothrix rhusiopathiae，the causative agent of swine erysipelas，and its modification with phosphorylcholine［J］. Infect Immun，2012，80（11）：3993−4003.

［33］EELR，TERESA Q，JONATHAN G F. Fitness costs and stability of a high−level ciprofloxacin resistance phenotype in Salmonella enterica serotype enteritidis reduced infectivity associated with decreased expression of Salminella pathogenicity island 1 geneas［J］. Antimicrob Agents Chemother，2010，54（1）：367−374.

［34］Jerod A. Skyberg，A Catherine M. Logue，B，Lisa K. NolanAC Virulence Genotyping of Salmonella spp. with Multiplex PCR［J］. Avian Diseases，2006，50：77−81.

［35］Hong Y，Garc í a M，Leiting V，et al. Specific detection and typing of Mycoplasma synoviae strains in poultry with PCR and DNA sequence analysis targeting the Hemagglutinin Encoding Gene vlhA［J］. Avian Dis.2004 Sep；48：606−616.

［36］Lukinmaa S.，Takkunen E.，Siitonen A. Molecular epidemiology of Clostridium perfringens related to food−borneoutbreaks of disease in Finland from 1984 to 1999［J］. Appl. Environ. Microbiol.，2002，68（8）：3744−3749.

［37］Jerod A. Skyberg, Catherine M. Logue, Lisa K. Nolan.Virulence Genotyping of Salmonella spp. with Multiplex PCR ［J］. Avian Diseases, 2006, 50: 77-81.

［38］Zakharova I, Teteryatnikova N, Toporkov A, et al. Development of a multiplex PCR assay for the detection and differentiation of Burkholderia pseudomallei, Burkholderia mallei, Burkholderia thailandensis, and Burkholderia cepacia complex. Acta Trop. 2017 Oct; 174: 1-8.

［39］May-AnnLee, Dongling Wang, E Hianyap.Detection and differentiation of Burkholderia pseudomallei, Burkholderia mallei and Burkholderia thailandensis by multiplex PCR. FEMS Immunol Med Microbiol, 2005, 43（3）: 413-417.

［40］Ulrich MP1, Norwood DA, Christensen DR, et al.Using real-time PCR to specifically detect Burkholderia mallei ［J］. J Med Microbiol.2006 55（Pt 5）: 551-599.

［41］Vandamme P1, Van Doorn LJ, al Rashid ST, et al. Campylobacter hyoilei Alderton et al. 1995 and Campylobacter coli Véron and Chatelain 1973 are subjective synonyms ［J］. Int J Syst Bacteriol. 1997 Oct; 47（4）: 1055-1060.